土木系　大学講義シリーズ 4

地盤地質学

工学博士　今 井 五 郎
Ph.D.　福 江 正 治
　　　　足 立 勝 治

コロナ社

土木系　大学講義シリーズ　編集機構

編集委員長

　伊　藤　　　學（東京大学名誉教授　工学博士）

編 集 委 員（五十音順）

　青　木　徹　彦（愛知工業大学教授　工学博士）
　今　井　五　郎（元横浜国立大学教授　工学博士）
　内　山　久　雄（東京理科大学教授　工学博士）
　西　谷　隆　亘（法政大学教授）
　榛　沢　芳　雄（日本大学名誉教授　工学博士）
　茂　庭　竹　生（東海大学教授　工学博士）
　山　﨑　　　淳（日本大学教授　Ph. D.）

（2007年3月現在）

扉の写真は大鳴門橋

はしがき

　土木構造物は必ず地盤に接して建設される。したがって，土木構造物の設計においては，その材料特性や構造特性に対する理解とともに，地盤特性に対する理解も必要とされる。そのために，土質力学や地盤工学が大学土木教育における重要科目として学生に課されているわけである。

　しかしながら，わが国の大学土木教育では，地盤を扱うもう一つの学問分野である地質学はなぜか軽視されてきたし，いまでもその傾向から脱却し得ていない。地層の形成に関する地史や地質の構造などを対象とする理学としての地質学は，物づくりを直接の目的とする力学中心の土木工学にとっては周辺知識の一部でしかないと考えられ，土木技術の教養程度の扱いを受けてきたからであろう。

　そのような考え方は，物づくり優先の過去の時代においてはやむを得ないものであっただろうが，大地の一部として機能する土木構造物を作ることが強く要求されるようになった今日では，むしろ害をなす考え方だといっても差し障りないであろう。

　このような考え方を底辺において企画された本書であるが，本格的な地質学を学生に課すことは不必要であるし，著者らにできることでもない。そこで，土木技術者として最低でも身につけてほしい地質に関する基礎知識を基に地盤・大地の特性を見極める力を獲得できること，そして周辺地盤の個性に馴染む構造物づくりが肝要であることを理解できることを目的とした。

　そのため本書には以下に示すような特徴を持たせた。
（1） 地層・地質の形成・特性に関する内容は，平野部と丘陵・山岳部に大きく2分して記述した。
（2） 地層の形成（生まれ）と特性（個性），および地質構造などについては，土木構造物の存在と関連させながら記述し，それら知識の重要性が自然と納得できるように配慮した。

（3） わが国で避けて通ることのできない地震に対する認識を与えるために，プレートテクトニクスを中心とした章を設けた。

（4） 今後ますます重視される地盤環境汚染を記述した章を設けた。

こうした特徴は，土木地質学を講じたほかの成書には見られないものである。そのため執筆者には，工学出身であって地質学に造詣の深い福江正治氏に第1，3，4，9の各章を，理学出身であって日々工学的問題に対応しておられる足立勝治氏に第2，5，6，7，8の各章を担当していただき，今井が文章と内容の調整にあたった。

本書が大学土木教育の一助となれば，これに優る喜びはない。

2002年5月

今 井 五 郎

目　次

第1章　地盤地質学の位置づけ

1.1　地盤地質学とは …………………………………………………………1
1.2　地盤地質学に関係する三つの分野 ……………………………………3
　1.2.1　建設のための工学 …………………………………………………3
　1.2.2　地盤災害のための工学 ……………………………………………4
　1.2.3　環境のための地盤工学 ……………………………………………4
　1.2.4　地盤地質学の意義 …………………………………………………4
1.3　適切な土地利用（地盤環境の創造） …………………………………5
　1.3.1　地　形　図 …………………………………………………………5
　1.3.2　空中写真，地質図，地盤図 ………………………………………7
　1.3.3　地　盤　改　良 ……………………………………………………8
1.4　安全な土地利用（地盤環境の保全） …………………………………9
1.5　土木技術者の条件 ……………………………………………………11

第2章　地球の歴史と地質

2.1　地質の歴史と構成 ……………………………………………………12
　2.1.1　地質の時代区分 …………………………………………………12
　2.1.2　地層の呼び方 ……………………………………………………14
2.2　岩石と土の種類 ………………………………………………………14
　2.2.1　火　成　岩 ………………………………………………………14
　2.2.2　堆　積　岩 ………………………………………………………16
　2.2.3　変　成　岩 ………………………………………………………17
　2.2.4　土　の　種　類 …………………………………………………17
　2.2.5　岩石のサイクル …………………………………………………18
2.3　わが国の地質構造 ……………………………………………………19
2.4　地盤と地形との関連 …………………………………………………21
　2.4.1　地質と地盤の区分 ………………………………………………21

2.4.2　地形と地盤条件 …………………………………………………………22
2.5　地形の種類と読み方 ……………………………………………………………24
　　2.5.1　地形の種類 …………………………………………………………………24
　　2.5.2　地形の読み方 ………………………………………………………………25

第3章　平野と地質

3.1　平野部の土地利用と地盤 ………………………………………………………28
　　3.1.1　平野部の土地利用 …………………………………………………………28
　　3.1.2　年代測定 ……………………………………………………………………29
　　3.1.3　平野地盤の工学的性質 ……………………………………………………34
3.2　平野下の埋没谷 …………………………………………………………………35
3.3　平野の形成 ………………………………………………………………………36
　　3.3.1　海水準の変動 ………………………………………………………………36
　　3.3.2　最も新しい地層 ……………………………………………………………40
　　3.3.3　平野のでき方と軟弱地盤 …………………………………………………40

第4章　低地の地盤地質

4.1　地盤と土 …………………………………………………………………………44
　　4.1.1　地盤の工学的分類 …………………………………………………………44
　　4.1.2　土の工学的分類 ……………………………………………………………45
　　4.1.3　土粒子の生成 ………………………………………………………………48
　　4.1.4　土粒子の種類 ………………………………………………………………50
　　4.1.5　間げき物質 …………………………………………………………………53
　　4.1.6　堆積土 ………………………………………………………………………54
　　4.1.7　海底地盤 ……………………………………………………………………55
　　4.1.8　堆積地盤の強度発現機構 …………………………………………………57
4.2　低地の建設工学上の問題 ………………………………………………………60
　　4.2.1　低地の構造物と地盤災害 …………………………………………………60
　　4.2.2　地盤沈下 ……………………………………………………………………61
　　4.2.3　地盤の支持力 ………………………………………………………………64
　　4.2.4　堀削面の安定 ………………………………………………………………65
　　4.2.5　堀削時の地下水対策 ………………………………………………………65

4.2.6　側方流動 …………………………………………………………66
　　4.2.7　地盤の液状化 ……………………………………………………67
　　4.2.8　海岸侵食 …………………………………………………………67
　4.3　地層および土層の調査 …………………………………………………68
　　4.3.1　低地の地盤調査 …………………………………………………68
　　4.3.2　地盤の表し方 ……………………………………………………70

第5章　台地・丘陵地の地盤地質

　5.1　台地・丘陵地の地質 ……………………………………………………73
　　5.1.1　海成層 ……………………………………………………………74
　　5.1.2　湖成層 ……………………………………………………………75
　　5.1.3　段丘堆積層 ………………………………………………………75
　　5.1.4　火山成堆積層 ……………………………………………………80
　5.2　台地・丘陵地における建設工学上の問題 ……………………………82
　　5.2.1　一般的特徴 ………………………………………………………82
　　5.2.2　建設工学上の問題点 ……………………………………………82

第6章　山地の地盤地質

　6.1　山地の地質 ………………………………………………………………89
　6.2　風化土層 …………………………………………………………………90
　　6.2.1　風化作用 …………………………………………………………90
　　6.2.2　風化土の生成 ……………………………………………………91
　6.3　崖錐 ………………………………………………………………………93
　6.4　地すべり地 ………………………………………………………………95
　6.5　不整合 ……………………………………………………………………98
　6.6　膨張性岩 …………………………………………………………………99
　6.7　断層 ………………………………………………………………………100
　　6.7.1　断層の定義と種類 ………………………………………………100
　　6.7.2　断層の地形的な表現 ……………………………………………101
　　6.7.3　工学上よりみた断層の特性 ……………………………………103

第7章　火山地帯の地盤地質

7.1　火山地帯の地形と地質 …………………………………… 106
 7.1.1　火山の分布 ………………………………………… 106
 7.1.2　火山の形態と地質 ………………………………… 107

7.2　火山地帯の建設工学上の問題 …………………………… 113

7.3　火 山 と 災 害 ……………………………………………… 114
 7.3.1　火砕物降下による災害 …………………………… 115
 7.3.2　火砕流による災害 ………………………………… 115
 7.3.3　溶岩流による災害 ………………………………… 116
 7.3.4　火 山 泥 流 ………………………………………… 117
 7.3.5　スラッシュフロー ………………………………… 118

第8章　プレートテクトニクス

8.1　プレートテクトニクスに至る歴史 ……………………… 120
 8.1.1　大陸移動説の提唱 ………………………………… 120
 8.1.2　マントル対流説 …………………………………… 121
 8.1.3　古地磁気学による進展 …………………………… 122

8.2　プレートテクトニクスの理論 …………………………… 127

8.3　プレートテクトニクスと日本列島 ……………………… 131

8.4　地震発生の仕組みと災害 ………………………………… 134
 8.4.1　プレート境界地震 ………………………………… 135
 8.4.2　内陸直下型地震 …………………………………… 136
 8.4.3　海洋プレート内地震 ……………………………… 137
 8.4.4　地 震 災 害 ………………………………………… 137

8.5　活　 断　 層 ………………………………………………… 139
 8.5.1　活動の型による種別 ……………………………… 141
 8.5.2　変位速度による種別 ……………………………… 142

第9章　環 境 地 質

9.1　地 球 環 境 ………………………………………………… 143

		9.1.1	地盤環境汚染 …………………………………………143

  9.1.1　地盤環境汚染 ……………………………………………143
  9.1.2　地球環境と地盤環境 ………………………………………144
  9.1.3　地球環境の保全 ……………………………………………145
  9.1.4　原子力発電所からのごみ …………………………………146
 9.2　地盤と地下水汚染 ………………………………………………146
  9.2.1　地盤と水 ……………………………………………………146
  9.2.2　汚染物質と汚染状況 ………………………………………147
 9.3　ダイオキシン類 …………………………………………………148
  9.3.1　ダイオキシン ………………………………………………148
  9.3.2　ダイオキシン汚染の歴史 …………………………………149
  9.3.3　ダイオキシン類の摂取 ……………………………………150
 9.4　廃棄物と地盤汚染 ………………………………………………151
 9.5　地盤汚染の形態 …………………………………………………155
 9.6　汚染物質の移動 …………………………………………………156
 9.7　地盤と地下水の浄化対策 ………………………………………159
  9.7.1　物理的浄化方法 ……………………………………………159
  9.7.2　化学的浄化方法 ……………………………………………161
  9.7.3　生物学的浄化方法 …………………………………………162
 9.8　廃棄物処分場 ……………………………………………………162
 9.9　放射性廃棄物の地層処分 ………………………………………164

参　考　文　献

索　　　引

第1章 地盤地質学の位置づけ

1.1 地盤地質学とは

　これから学ぶ**地盤地質学**（engineering geology）という学問体系は，その名称のとおり**土木工学**（civil engineering）のうちの**地盤工学**（geotechnical engineering）と**地質学**（geology）の境界分野を扱うものである．地盤工学はよりよい生活環境の創造，地盤災害の防止，および地盤の環境保全に関係する工学分野の一つであるのに対し，地質学は地球の構成物質，地球の構造とその諸過程および地史を対象とする学問で，理学に属する．

　土木工学は道路，鉄道，港，空港，ダムなどの建設，地盤造成，輸送およびエネルギーに関連して，生活環境の向上および産業の発展に大きく貢献してきた．また，洪水，地すべり，地震，津波などによる自然災害を防止するための対策工事は土木工学の大きな使命である．さらには，汚染地盤や汚染地下水の浄化工事を初め廃棄物処分場の設計や施工など環境問題においても土木工学が大きな役割を果たしている．このような土木工学を学んで安全な構造物や安心できる生活環境を創造するには，その基盤となる大地を扱う地盤工学や地質学の知識が不可欠である．

　「大地」という言葉に対しては，堅固でしっかりとした安定感のあるイメージを抱く読者が多いと思われる．しかしながら，わが国においては，きわめて軟らかい土が平野部に堆積している．また，わが国は不安定な急傾斜の山地も多く抱えている．このような大地に構造物を造るとき，いろいろな問題が生じ

る。

　そのような問題に対処するために**土質工学**や**地盤工学**が生まれた。以前には「土質工学」(soil mechanics and foundation engineering) という呼び名が一般的であったが，地盤環境などを扱う必要性が出てきたことから，最近ではより広い分野を包括する「地盤工学」が一般的に使われるようになった。

　土木工学の一分野としての地盤工学は，土や岩石からなる大地を扱う学問である。そこでの地盤とは，構造物の基礎，地盤災害および地盤環境に関係する大地のことである。したがって，本書では，従来「土木地質学」と呼ばれていた学問体系を，地質学と直接関係するのは地盤工学であること，また地盤環境など新たな分野が含まれるようになったことなどから，地盤工学と地質学の境界分野を扱う「地盤地質学」と位置づけた。

　地盤工学のおもな役目は，"**構造物を造る**"または地盤災害や地盤汚染に対して"**対策を立てる**"ことにある。したがって，地盤工学においては，"地盤がどのようにして形成されたか"，"そこが地すべり地であるかどうか"，または"その地下に活断層が存在するかどうか"などといった地質学的要素を専門的に研究したり調べたりはしない。地盤工学では，現在の地盤の工学的性質はどうなっているか，構造物を造るにはどうすればよいかといった，工学上の問題を主として扱う。

　しかし，地表面はともかく，地中の状況を完全に把握するのは現存するいかなる方法をもってしても難しい。したがって，安全に構造物を造ったり，地盤災害のための対策を立てるためには，地盤の形成メカニズムを初めとする地質学の広範囲な知識が必要となる。それらはさらに細かく，岩石学，鉱物学，堆積学，構造地質学，層序学，水文地質学，古生物学などの知識に区分されている。実際，多くの土質工学や地盤工学の教科書や参考書には，これらの知識が断片的に含まれている。

　しかしながら，地質学の扱う分野はきわめて幅広いものであり，たとえ土木工学や地盤工学に必要なものに限定したとしても，これらの専門書に多くは入りきらないし，また学問の目的が理学と工学で異なるので，地質学をそのまま

地盤工学に応用するというわけにはいかない。そこで，工学的立場から地質学を利用しようと発達したのが地盤地質学といえよう。なお，地質学の側から地質学を工学へ応用しようとして「地質工学」や「応用地質学」が生まれたが，これらは内容的に地盤地質学と似ている。

本書は，主としてこれから土木工学や地盤工学を学ぼうとする大学生を対象に，それらに必要な地質学についての幅広い知識が得られるように，基本事項を選んでまとめたものである。したがって，上に述べた種々の学問体系に加えて海洋学，気象学または地震学に関連する基本事項などについても触れる。

1.2 地盤地質学に関係する三つの分野

土木工学および地盤工学の中で，特に地質学の知識を必要とする三つの分野は図1.1に示すとおりである。また，これら三つの工学分野はいずれも生活環境を支えるために必要なものである。

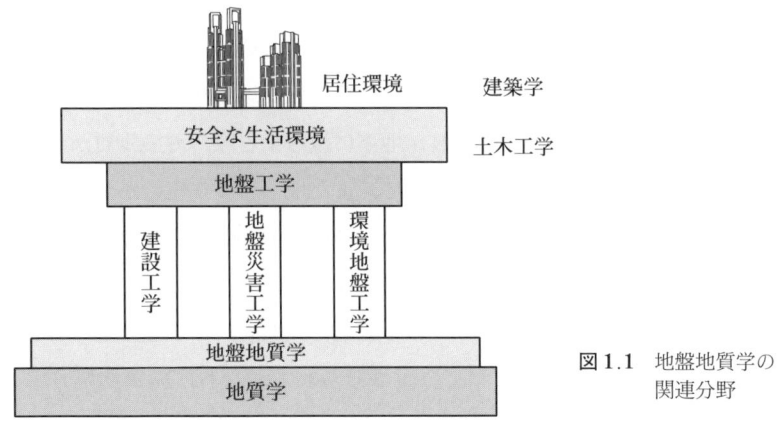

図1.1 地盤地質学の関連分野

1.2.1 建設のための工学

地盤に関係する建設のための工学は，**建設基礎工学**とも呼ばれ，生活環境の創造や保全を目的とした構造物の基礎として地盤を活用する学問である。ここでいう構造物とは建築物だけでなく道路や鉄道あるいはダムのように産業や生活環境に直接関係するものである。したがって，地盤地質学はそれらの構造物

を安全に造るうえでまず知っておかなければならない，地形，地層，および地すべり，崩壊，断層の有無などの情報を与える．

1.2.2 地盤災害のための工学

自然災害のうち，地盤に関係する災害を特に**地盤災害**という．地盤災害には，地震など地盤の揺れによって生じる液状化や山崩れなどの災害，豪雨による斜面崩壊および必ずしも地震や豪雨によらない地すべりや斜面崩壊などが含まれる．このような災害には，降雨や地震力などの外的要因だけでなく，地形，地質構造，岩石・地層の種類などの内的要因が関係する．

一般に，地震に弱い地盤と降雨に弱い地盤は一致しない．地盤の強弱は外的要因と内的要因との相互関係で決まる．また，山地と平野部とでは地盤災害の種類や形態が異なる．いずれにしても，地盤防災は地盤災害から直接的に人命や公的および私的な財産を守ること，ひいては生活環境を守ることを役目としている．

1.2.3 環境のための地盤工学

環境地盤工学は，その名のとおり地盤に関係する環境工学である．地盤土と地下水の汚染に代表される地盤環境問題には，水文地質学など種々の地質学的知識が要求される．また，汚染物質が地下に浸透する際，汚染物質が水に対して溶解性かあるいは難溶解性かによって，また地下水より軽いかどうか，さらには揮発性かどうかによって，汚染の広がり方がまったく異なる．したがって，汚染物質の特性についての基礎知識が要求される．これらの知識に基づく廃棄物処分など環境保全の方法，そして廃棄物の地層処分や埋立処分などの問題は環境地盤工学の一分野として位置づけられる．なお，廃棄物処分場の設計・施工は，建設工学とおおいに関係するし，また建設工学の範ちゅうに入れてもおかしくない．

1.2.4 地盤地質学の意義

これら三つの分野が大きく「環境」という言葉でくくられることは大変に重要である．そしてそれらが相互に関係していることを知っておく必要がある．つまり，私たちが環境豊かな生活を送るためには上記三つの分野すべてが必要

であり，いかに適切な方法を使うかが重要となる．また，上記三つの分野はそれぞれに完全に独立したものではなく，部分的に密接に関係している．

例えば，地盤災害を防ぐために構造物を築造することが多い．また，あってはならないことであるが，建設工事が地盤災害の原因や誘因にならないという保証もない．さらには，廃棄物処分場の建設が不適切だった場合，それが地盤災害によって崩壊したり処分場表面の被覆部が露出して，周辺汚染の原因となる恐れがある．

したがって，このような不測の事態が起こらない工学的方法を適切に確立するためには，地盤がどのようにして形成されたか，地層の局所的な変化がどうなっているかなどを知ることが大変重要であるし，災害の予測などにおいても地質学の知識が非常に重要となる．ここに，地盤地質学という学問体系の有している大きな意義がある．

1.3　適切な土地利用（地盤環境の創造）

構造物は，平野部にかぎらず，山岳地，河岸・海岸，そして地下にまで及んで建設されている．したがって，影響が広範囲に及ぶ構造物をいったん造ってしまうと，その範囲内に新たに構造物を造る際には種々の制約が伴う．そのため，土地利用のための綿密な計画がきわめて重要となる．特に，環境豊かな生活を目指す土木工学においては綿密な計画が必要であり，その際に考慮すべき地質学的情報がきわめて重要であることは強調してもし過ぎることはない．

わが国では，狭い範囲のうちに平野や山地がある．したがって，長い道路や鉄道を造るとなると，平野や山岳地だけでなく，河岸や海岸に沿って，ときには海底を海底トンネルで貫く必要もある．また，山岳地ではトンネルや橋梁を造ったり，あるいは斜面を切り取ったり，谷を埋める工事が必要となる．このような建設の立案に際して決して欠かせない基礎資料は**地形図**である．

1.3.1　地　形　図

地形図にはいろいろな縮尺のものがあり，用途によって適当な縮尺を選ぶことができる．全国を網羅している地形図の縮尺は $1/50\,000$ と $1/25\,000$ であ

り，都市域や平野部については 1/10 000，1/5 000 および 1/2 500 のものがある。これらの地形図は，主要書店や（財）日本地図センターで購入できる。

図 1.2 に富士山周辺の地形図の例を示す。図は富士山の地形（コニーデ）をよく示しているが，多くの谷が発達していることをも示している。西側斜面の大きな谷地形は侵食が最も進んでいる富士大沢である。このように，地形図はすべて南北を上下方向にとって描かれているので，地形図から位置関係を東西南北で把握できる。また地形図には等高線（海抜）が描かれているので，それを読み取ることによって，大まかには山地か，台地か，あるいは低地かを知ることができ，また地形の凹凸が判別できる。したがって，それをもとに地すべり，崩壊，または断層地形などの地形分類が可能となる。

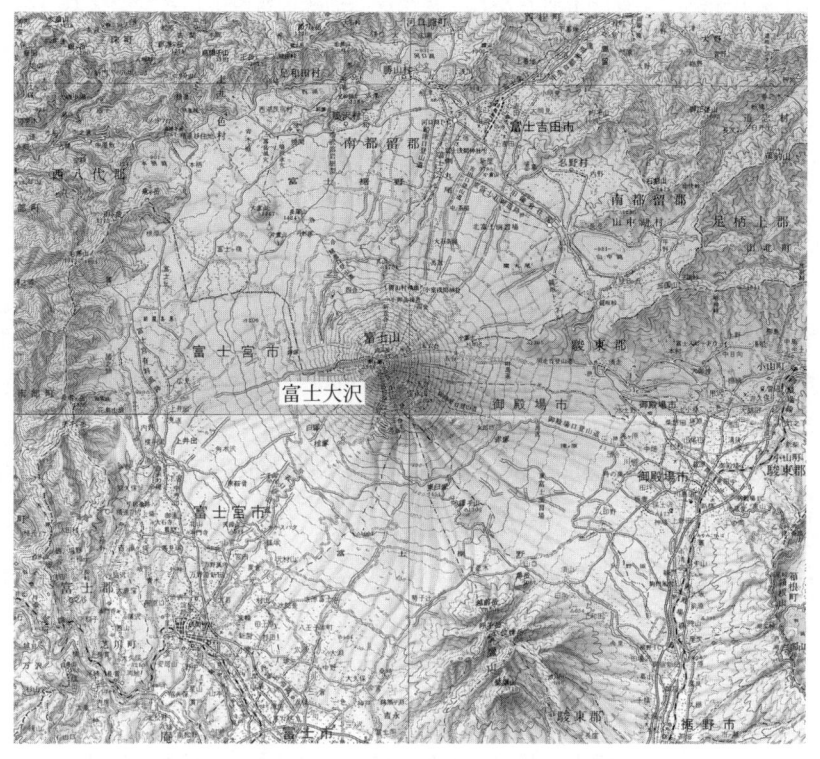

図 1.2　富士山周辺の地形図（国土地理院　1：200 000 地形図　静岡，甲府）

海底の地形は**海底地形図**によって知ることができる。海底地形図には等深線（海水面下）が描かれているので，地形図と同様に海底の凹凸が読み取れる。海底の谷部は海底谷，陸から続く海底半島は海脚，海底の丘は海丘，海底の盆地は海盆，海底の平たん地に突き出た山は「堆」と呼ばれる。

図 1.3 は明石海峡の海底地形図である。この図はもともと 1/50 000 の海底地形図（海上保安庁水路部作成）であり，等深線が 1 m 単位で描かれている。

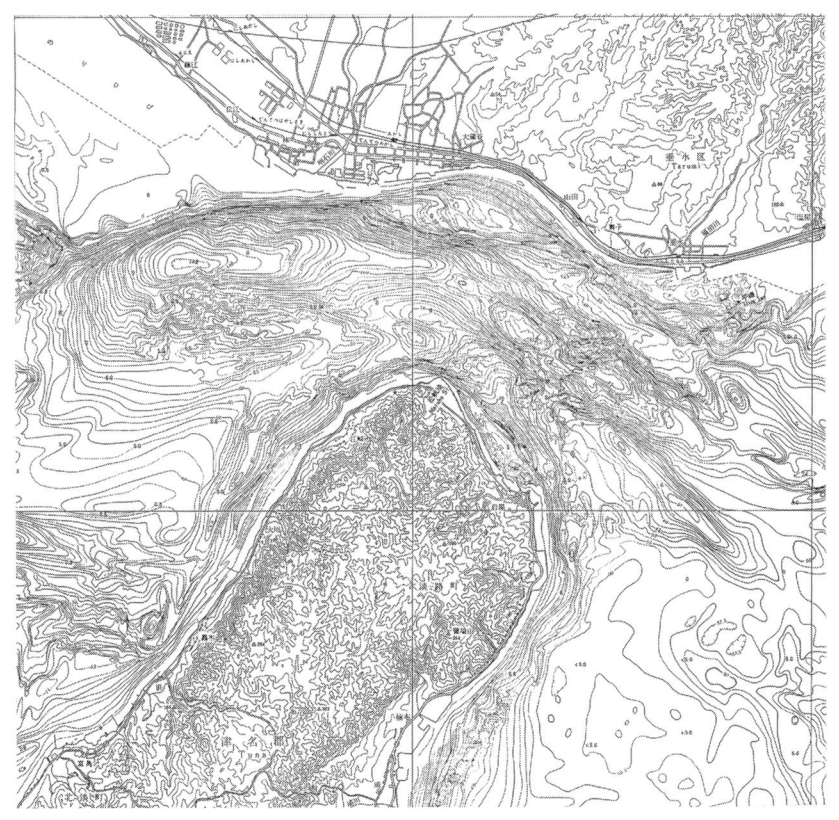

図 1.3　明石海峡周辺の海底地形図

1.3.2　空中写真，地質図，地盤図

このほか，空中写真，地質図，地盤図などが地形や地盤情報を得るために使われる。**空中写真**は飛行機から撮られることが多いため航空写真と呼ばれるこ

ともある。少し位置を変えて撮った2枚の空中写真を並べて肉眼視することによって地形を立体視でき，地形を三次元的に識別することが可能となり，微視的な地形の読取りすら可能となる。また，空中写真からは，どのような植物が表土に成育しているか（植生）や土地がどのように利用されているかの情報が得られる（2.5.2項参照）。

　地質図は，岩の種類，岩や土の生成過程，岩の変質状況などを一定の約束事に従って図示したものである。地質図についてもいろいろな縮尺のものがあり，その大きさによって情報が省略されている場合がある。地質図は純粋に地質学のために作成されたものであるから，土木技術者には理解し難い面がある。そこで作られたのが**土木地質図**である。土木地質図は基本的に岩石の種類を示すものであるが，劣化や変質の程度，地すべりや崩壊の位置などもそこに表現されている。このほか，用途や目的によって，水理地質図，鉱山地質図，表層地質図，軍事地質図などがある。

　大阪を初め大都市や臨海工業地帯など，これまでにボーリングによって地質調査が多く行われたところについては，地盤の工学的特性を盛り込んだ**地盤図**が作られている。地盤図からは，軟弱な地盤の厚さと軟らかさの程度，硬い層が存在する深さとその厚さ，地下水についての情報などが読み取れる。これらの情報は，構造物を立案する際に必要な精密な地盤調査の方法，構造物の設計および工法の選択に役立つ。

　いかなる構造物にせよ，それが安全に造られ，また使用される期間においてそれが安全を保てるものでなければならないことはいうまでもない。そのためには，安全性を確保できる地盤であることが前提となる。それを保証するためには，地盤を構成する土の工学的性質を見極めることが必要である。土の工学的性質は，種々の**地盤調査**と**土質試験**によって得られ，その結果は**土質柱状図**や**土層断面図**として描かれる。構造物にとって使用できる地盤かどうかの判断はそれらの図面に基づいてなされる。

1.3.3　地　盤　改　良

　工学的によいとされる地盤は古くより使用されてきた場所であることが多

い。例えば，古い道路や鉄道は比較的よい地盤上に造られている。土地利用の進んでいなかった過去には，立地条件の比較的よい場所が自由に選定できたことによるのであろう。言い換えると，土地利用が進み，かつ構造物が大型化した現在では，構造物の築造に適切な地盤は少ないということになる。

　計画した上部構造物に対して地盤が不適切な場合には，構造物の基礎を工夫したり地盤の性質を人工的に変える必要がある。後者の方法には種々あるが，物理的方法と化学的方法に大別される。このような方法によって地盤の性質を改善することを**地盤改良**という。どの方法を使うかは，地盤の種類，構造物の種類と大きさ，ならびに重要度，環境への影響の度合および経済性の面から検討するが，総合評価の際にいずれの項目を重要視するかが大変重要である。また，現存する手法や材料を単に選択するだけでなく，新しい手法や材料の開発に取り組むことも必要である。

　大都市圏の平野部は，ほとんど建築物やそのほかの構造物で埋められている。したがって，新たな居住地や工場立地は丘陵部や海域へと広がり，また業務生活の場は地下にも広がっているというのが現状である。丘陵部での土地造成は**切土**と**盛土**によって，海域への拡張は**埋立て**，また地下開発は**掘削**によっている。

　これらは新しい生活環境の創造への挑戦であり，土木工学の大きな目的の一つである。しかしながら，このような挑戦には多くの問題が生じており，地盤地質学の重要性がますます増している。それと同時に，新しい生活環境の創造が周辺の自然環境を大きく変化させているのも事実であるから，その変化が私たちの生活環境にとって総合的によりよいと評価され得るものでなければならない。それは，単に住みやすいとか生活に便利であるとかということのみではなく，文化的・歴史的な価値，そして将来にわたる景観や環境問題，または自然災害などの観点からの総合的評価を含むものでなければならない。

1.4　安全な土地利用（地盤環境の保全）

　土木工学や地盤工学においては，安全でしかも安心してすごせる生活基盤を

創造することが最優先に考えられる。そのためには，前節で述べたように，安全な構造物を築造するための基礎となる地盤をよく知り，安全性の面から適切に利用する必要がある。つぎには，造った構造物とその周辺が自然災害から守られ，優良な環境が保全されなければならない。そのためには，空間的に広い領域を視野に入れ，また時間的にも過去から未来まで長いスケールで考える必要がある。例えば，豪雨災害の発生する確率，降雨の流域面積や地盤への浸透率，断層の存在とその規模，そしてそれらに対する危険性はどの程度かの評価などが必要になる。

さらには，構造物を造ることによって周辺の環境がどのように変わるかについて，幅広い見地からの影響評価が必要である。これについても，場所的に広い領域を考慮し，時間的にも相当長いスケールで評価する必要がある。特に，環境変化については，人工的に与えるわずかと思われる環境変化が，時間を経ることによってほかの場所に別の形で大きな影響を与えることがある。それは，環境というものがゆっくりとした時間の流れの中でつねに微妙なバランスを保ちつつ少しずつ変化していくもので，あるときのある面での変化がやがて別の面でより大きな変化を生むからである。

例えば，河川上流で貯水ダムや砂防ダムを建設すると，そこでの土砂流出が限定されるために，それまで堆積-侵食作用にバランスが保たれていた海岸では侵食作用が卓越する恐れがある。実際，多くの海岸で侵食が進んでいる。いずれにしても，生物界に食物連鎖という複雑な作用があるように，物理的作用や化学的作用にも連鎖があるということを考える必要がある。

さらに重要なことは，このような連鎖がこれまでの科学的知識ではとうてい及びもつかないほど複雑な仕方で，しかも巧妙に成り立っているということである。したがって，熟慮を重ねたとしても，なお不測の事態を招くかもしれない。このことは，私たちが自然の作用や現象をさらにより深く理解し，全体的にバランスのとれた環境を保全するように努めなければならない，ということを意味する。そのためにも自然地盤がどのようにして形成されたかをしっかり理解しておくことが必要なのである。

1.5　土木技術者の条件

　これまで述べたことから理解されるように，土木技術者とは，生活基盤として重要な道路，鉄道，港湾，ダム，あるいは自然災害対策など公共的な事業の立案・計画から設計・施工・維持管理に携わるすべての技術者である。また，携わる仕事は直接的にも間接的にも生活環境の向上と保全を目的としている。したがって，土木技術者は，総合的な見地から安全で，しかも安心できる生活環境を創るための知識と見識を持たなければならない。そのためには，構造物の安全性だけでなく，環境保全の見地からその存在形態が許容できるかどうか，また景観にふさわしい構造物であるかどうかを評価できなければならない。このことは，土木技術者を目指すときに土木工学の関連科目や地盤地質学を学んでおけばよいということではなく，生物学や化学の知識を初め，工学や理学の領域を超えた人文・社会科学の知見をも学んでおくことが必要であることを意味する。

　一方，具体的に構造物を建設する際には評価に基づく最終的な判断が重要となる。安全な構造物を造る必要性を強調するあまり，頑丈すぎるものを造るのは経済上好ましくない。また地盤が汚染されているからといって必ず浄化対策を講じなければならないわけではなく，危険度の総合的評価（**リスク評価**）が必要となる。こうした評価や判断を国策と土木技術の論理だけで行うことに対して批判が強まっているのであり，土木技術者を目指す人はその点をまず自覚する必要がある。しかし，より豊かでバランスのとれた生活環境を創造する責務が土木技術者に与えられていることも強く自覚しなければならない。これら二つの自覚を捨てない人がよい土木技術者といえよう。

第2章 地球の歴史と地質

2.1 地質の歴史と構成

　地球は46億年前にできたと考えられている。地球の歴史を**地史**という。その歴史はいくつかの地質時代に分けられ，化石からわかる生物進化をもとにして**表2.1**のように区分されている。古生物学でよく知られているように，生物の進化は漸進的であり，一方向で決して後戻りしない。そのため，地層中に化石として埋蔵された生物を調べることにより，その進化の跡をたどることができる。この進化の段階で，ある種の生物が衰退あるいは絶滅し，まったく別の生物が急に繁殖し始めたことがわかっている。これは地球上の造山運動，気候変化，火山活動などの大きな変革（生息環境の変化）に対応するとみられ，この変化のあった時点をもって，ある地質時代の終わりとし，また新しい地質時代の始まりとして，それぞれの地質時代が区分されている。

2.1.1 地質の時代区分

　化石によって分けた地質時代は，時代の新旧の順序を決めたもので，相対年代といえる。表2.1に示したように大きな変化を**代**，中位の変化を**紀**，さらに小さい変化を**世**に区分している。これら各代・紀・世の境界に対応する絶対年代は，その時期に生成された岩石に含まれる放射性元素の壊変割合から求めた現在までの経過年数に基づいて推定されている（3章参照）。

　生物進化の跡が明瞭にたどれるのは，約6億年前の古生代の始まりのカンブリア紀からである。これより一つ古い地層には生物の痕跡はあるが，あまり明

表2.1 地質時代区分

代(界)	絶対年代〔百万年〕	紀(系)		世(統)	植物界	動物界
新生代	0.01 1.7	第四紀		完新世(沖積世) 更新世(洪積世)	被子植物	哺乳類
	5.2 24	第三紀	新第三紀	鮮新世 中新世		
	36 57 65		古第三紀	漸新生 始新世 暁新世		
中生代	146 208 245	白亜紀 ジュラ紀 三畳紀			裸子植物	爬虫類
古生代	290 363 409	ペルム紀(二畳紀) 石炭紀 デボン紀			シダ植物	両生類 魚類
	430 510 570	シルル紀 オルドビス紀 カンブリア紀			菌類藻類	三葉虫
先カンブリア時代	2 500 4 600	(原生代) (始生代)				原生動物

瞭ではない。この地質時代を**原生代**と呼び，これより古くてまったく生物の存在しない時代は**始生代**と呼ばれている。原生代と始生代はまとめて**先カンブリア時代**と称されている。**古生代**は魚類，**中生代**は爬虫類が繁殖した時代であり，**新生代**は哺乳類の時代であるともいえる。新生代**第四紀**は最も新しい現在までの時代で，人類の発展した時代である。第四紀は寒冷な氷河期が繰り返し訪れたことにより**氷河時代**とも呼ばれている。なお，第四紀はさらに二つに分けられ，古いほうの**更新世**は**洪積世**，新しいほうの**完新世**は現世または**沖積世**とも呼ばれている。

2.1.2 地層の呼び方

ある地質時代に生成された地層は，その地質時代の区分，代・紀・世に対応して**界・系・統**と称される．例えば，新生代に生成された地層は総称して**新生界**と呼ばれ，第三紀に生成された地層は**第三系**，同様に鮮新世に生成された地層は**鮮新統**と呼ばれる．

2.2 岩石と土の種類

地球が地殻，その内側のマントル，および中心の核からなるという見方に立つと，地球表層部とは地殻，ないしその表面近くの部分を指すといえる．そこで構成される物質は厚さ 30～60 km の地殻の大部分を占める岩石と，表面のごく浅いところを覆う土である．ここで地質学では**岩石**は固結したもの，**土**は未固結ないし半固結のものをいう．ただし，地盤工学の分野では岩石もまた大きな土粒子と見なすことがある．

岩石はその成因から火成岩と堆積岩，および変成岩に大別される．

2.2.1 火 成 岩

火成岩はマグマが冷却固結して作られたもので，ほかの岩石に比べて一般的に硬くて密であり，その中に化石は含まれない．マグマが深い場所で貫入した場合にはゆっくり冷却するために，構成物である鉱物の結晶が十分な大きさまでに晶出している．一方，地表に噴出したマグマは急冷却したため鉱物結晶が細かいことが多い．また，晶出しないでガラス状のまま固結したものもある．

このように火成岩はさまざまなので，地下深部に貫入したものを**深成岩**，火山などから地表に噴出したものを**噴出岩**または**火山岩**と呼ぶ．これら両者の中間の深さに貫入固結したものは**半深成岩**と呼ばれ，一般に**岩脈**または**岩床**と呼ばれる岩体を形成している．これらの関係を**図 2.1** に示す．

火成岩の種類は，マグマの化学的性質と貫入深さなどにより**表 2.2** のように分けられる．ケイ酸塩に富む酸性のもの（SiO_2 の含有量の多いもの）は石英・長石が多いので色が白く，塩基成分の多いもの（Mg や Fe などの多いもの）は輝石・かんらん石など黒色系の鉱物を多く含み黒っぽい色をしている．

2.2 岩石と土の種類　15

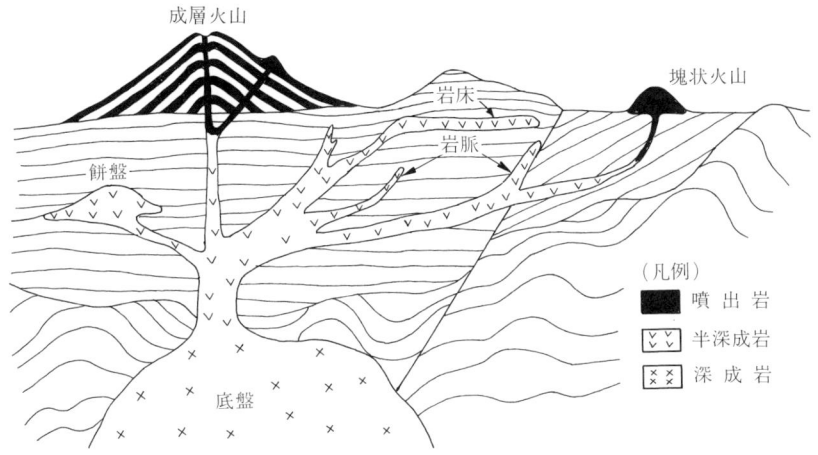

図 2.1　火成岩の貫入深さと状態による種別

表 2.2　代表的火成岩の分類

SiO₂〔%〕		95	66	52	45	30
産状	鉱物	酸 性	中 性	塩 基 性	超塩基性	
		石英+長石 +雲母	長石+(角閃石 +雲母+輝石)	長石+輝石	長石+ かんらん石	
大 ↑ 鉱物粒径 ↓ 小	深 成 岩	花崗岩	閃緑岩	はんれい岩	かんらん岩	
	半深成岩	石英斑岩	ひん岩	輝緑岩		
	火山(噴出)岩	石英粗面岩 流紋岩	安山岩	玄武岩		

2.65 小 ←――― 密度〔g/cm³〕――→ 大 3.00

優白 ←――― 色 ――→ 優黒

造岩鉱物: 石英、カリ長石、斜長石、雲母、角閃石、輝石、かんらん石、副成分鉱物

2.2.2 堆積岩

堆積岩は，地表の各種岩石が破砕され（砕屑物という），それが他所に運搬され，堆積して固結したものである。このような堆積岩は，動植物の化石をしばしば含んでいる。また，陸地に露出している岩石の 75 ％は堆積岩であるといわれている。

堆積岩は表 2.3 のように分類されている。まず岩石の構成粒子の大きさにより，大きいほうから**礫岩・砂岩・泥岩**などに分類される。また火山の噴火により地表や空中に放出された**火山礫・火山砂・火山灰**などが堆積して形成された火山砕屑岩，砂漠において風の力で運搬されて堆積した**レス**，および氷河によって運ばれて堆積した**氷礫土**などがある。

表 2.3 堆積岩の分類

砕屑物	生成状態 固結度	水成砕屑			火山砕屑	風成砕屑	氷成砕屑
	固結していないもの	礫 ϕ 2〜 4 mm 細礫 4〜 64 mm 中礫 64〜256 mm 大礫 256〜 巨礫	0.075〜0.42 mm 細砂 0.42〜2 mm 粗砂	0.001 mm 以下 コロイド 0.001〜0.005 mm 粘土 0.005〜0.074 mm シルト	火山岩砕 （火山灰） （火山砂） （火山礫）	ローム 黄土 （砂丘） （砂漠）	ティル （氷礫土）
	固結しているもの	礫岩	砂岩	泥岩，頁岩 粘板岩	凝灰岩 凝灰角礫岩	—	ティライト （氷礫岩）
有機物	固結しているもの	炭質岩 石炭 泥炭 亜炭	歴青質岩 土歴青 （ピッチストーン）	珪質岩 チャート 珪藻土	炭酸塩岩 石灰岩 白雲岩	塩類 石膏 岩塩	—	—

一方，砕屑物起源のものとは別種の有機物起源の堆積岩がある。その代表的なものは石灰岩やチャートである。**石灰岩**は炭酸カルシウム（$CaCO_3$）の殻を持つさんごや貝類が堆積して形成される。他方，**チャート**は珪質（SiO_2）殻を持つ放散虫や珪藻などの遺がいを源とする。これらはいずれも海成の堆積岩である。また，**石炭**は陸上の枯死植物の堆積物を源とするが，これも堆積岩の一種である。

2.2.3 変　成　岩

火成岩や堆積岩が新しい条件のもとでより安定になるように組成鉱物が分解・再結晶したり，または変形を受けて変質した岩は**変成岩**と呼ばれる。このように岩石中で起こる再結晶作用や塑性変形を**変成作用**という。変成岩はその成因によってつぎのように大別される。

（1）　熱作用　　熱変成岩

（2）　圧力作用　　動力変成岩，広域変成岩

熱変成岩は，花崗岩マグマなどの貫入により原岩（主として堆積岩）と接触した部分が高温のため溶融し，冷却過程で再結晶したもので，接触変成岩とも呼ばれる。熱変成岩には**ホルンフェルス・珪岩・大理石**などがある。**表2.4**に変成岩の分類を示す。

表2.4　変成岩の分類

熱変成岩	ホルンフェルス（原岩が泥質岩） 珪岩（原岩は砂質岩） 大理石（原岩が石灰岩）		マグマの熱とその溶液の影響を受けてできた岩石で，マグマからの影響範囲は狭い
動力変成岩	ミロナイト（圧砕された細粒集合岩）		断層によるせん断応力の作用によってできた岩石で，その範囲は狭い
広域変成岩	片麻岩（原岩は花崗岩，もしくは堆積岩）		地殻の構造運動に伴う圧力と温度の上昇によって，既存の岩石が広範囲に変成されてできた岩石
	結晶片岩（はく離性が大きい）	泥質片岩，砂質片岩，石墨片岩，雲母片岩，石英片岩，緑色片岩，角閃岩，紅れん片岩	
	千枚岩（原岩は泥質岩）		

動力変成岩と**広域変成岩**は地殻運動による高圧力および高温下で形成されたものである。動力変成岩には，断層の形成などによって鉱物が微粒に破砕されてできた**圧砕岩**がある。広域変成岩は，鉱物粒子が片状や縞状に配列した**片理**の発達が特徴であり，代表的なものとして各種の**結晶片岩**と**片麻岩**がある。

2.2.4　土　の　種　類

土には，岩石が直接風化した**風化土**と，種々の営力により運搬され堆積した**堆積土**とがある。堆積土はその成因上，堆積岩の未固結なものとみることができる。風化土と堆積土の表層部分は，①　侵食と堆積　→　②　移動　→　③　生物

による変質 → ④ 構造変化などのプロセスを経て，長時間の間にそれぞれに特有の断面(土壌断面)を持つ層に分けられる。

土はその成因により**表 2.5** のように分類できる。風化土がもとの位置にとどまっているものは定積土または**残積土**と呼ばれる。堆積土は運搬され他所に堆積したもので，**運積土**と呼ばれることもある。

表 2.5 土の成因による分類

大区分	生成の営力	代表的な土の名称など	成因による分類名
風化土	物理的破砕 化学的分解 腐朽	花崗岩地帯のまさ土	残積土
堆積土	重　力	崖錐，地すべり崩土	崩積土
	流　水	沖積平野の土層	河成(沖積)土 海成(沖積)土 湖成(沖積)土
	風　力	砂丘砂 レス	風積(風成)土
	火　山	火山砂礫 軽石 ローム	火山性(堆積)土
	氷　河	ティル モレーン	氷積(氷成)土
	植物の腐朽集積	ピート 泥炭	植積(有機)土

2.2.5 岩石のサイクル

マグマから火成岩が形成される作用を**火成作用**という。火成作用によりできた深成岩は地殻運動によって上昇し地表に露出する。地表付近の岩石は気温変化や水，風，氷などによって細かい粒子に砕かれて風化・侵食を受ける。侵食されたものは，礫・砂・粘土となって河川を通じて海へと運搬されて海底に堆積する。この上につぎつぎと堆積物が重なると，下部ではその重みで水が抜けて，粒子と粒子を結びつける炭酸カルシウムや SiO_2 が沈殿して固い岩石（堆積岩）となる。この作用を**続成作用**という。このような過程は，地表に露出した火山岩，変成岩，堆積岩のいずれもがたどるものである。

火成岩や堆積岩で変成を受けた岩が深さ30km以上に埋没すると，部分的に溶け始めてマグマになるといわれている．このように岩石はマグマから生じ，再びマグマとなる．このような循環を**岩石のサイクル**と呼んでいる（図2.2）．

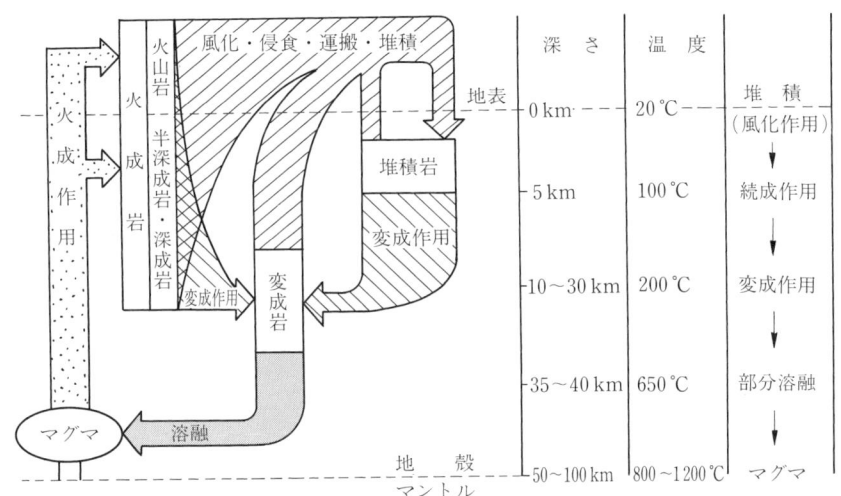

図2.2 岩石のサイクル

2.3 わが国の地質構造

日本列島は大きな断層によっていくつかに分けられる．このような大規模な断層は**構造線**と呼ばれ，それを境として日本列島はさらに地質の異なるいくつかに分けられる．日本列島はまず**糸魚川-静岡構造線**によって**東北日本**と**西南日本**に分けられ，さらに，西南日本は**中央構造線**によって北側の**内帯**と南側の**外帯**に分けられている．これら構造線の位置を図2.3に示す．

糸魚川-静岡構造線は新潟県糸魚川から松本盆地，諏訪湖を経て静岡に抜ける大断層である．この断層の駿河湾海底への延長線は，**駿河トラフ**と呼ばれている．本州の中央部を南北に横断する地帯である**フォッサマグナ**（大きな裂け目の意味）は，糸魚川-静岡構造線によってその西側を境とされている．

一方，中央構造線は諏訪湖から紀伊半島，四国を経て熊本八代に抜ける断層

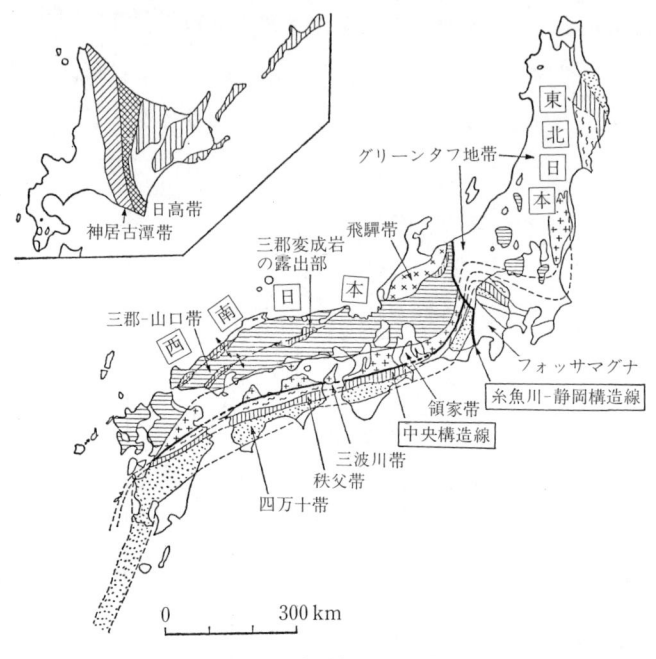

図2.3　日本列島の地質構造

で，中生代白亜紀以後第四紀まで活動している。この断層の活動時期は新しいため，その活動形態が現在の地形に反映され，構造線の位置と河川の位置がよく一致している(紀ノ川，吉野川)。この構造線より日本海側（内帯）の飛驒地区においては，**飛驒片麻岩**を中心とする変成岩が分布している。また，九州北部から中国地方にかけて結晶片岩が分布する地域は**三郡変成帯**と呼ばれている。さらに，中央構造線より北側で花崗岩類が広く分布する中国地方は**領家帯**と呼ばれている。太平洋側（外帯）では，結晶片岩，古生層，中生層，第三紀層が帯状に配列しているのが大きな特徴である。

これらは北から**三波川帯**(結晶片岩地域)，**秩父帯**(中・古生層)，**四万十帯**(古第三紀層など)と呼ばれる。フォッサマグナより東側の東北日本では新第三紀の火山岩や新第三系が広く分布し，北上山地や阿武隈山地などには古生界・中生界・変成岩類が分布している。北上山地には古生界・中生界がある。阿武隈山地には花崗岩や領家帯に属する変成岩類が分布する。

このように東北日本の太平洋側で古い時期の変成岩や堆積岩が孤立した丘陵や山地を形成しているのに対し，日本海側には新第三紀の**グリーンタフ**（**緑色凝灰岩**）や第四紀の火山が存在する。グリーンタフの上にのる新第三紀層は石油や天然ガスを含んでいる。

2.4 地盤と地形との関連
2.4.1 地質と地盤の区分

ダムや各種の土木・建築構造物の基礎を対象とした場合，地質はその硬さにより，つぎの三つの地盤に区分けできる。

（1） 硬い岩層からなる**硬岩**

（2） 軟らかい岩層からなる**軟岩**

（3） 土層からなる**土砂**

〔1〕 **硬　岩**　　硬岩は各種の火成岩類，変成岩類，および古生層・中生層・古第三紀層などの堆積岩からなる地盤を構成し，わが国では山地を形成していることが多い。大陸ではこれらの硬い岩層が山地のみならず大平原をも形成している。これらの岩層が風化していないときは構造物の基礎地盤として適しており，トンネル工事などでも断層や高圧地下水などの特別な条件を伴う場合を除いて，土木地質的に大きな問題を生じることは少ない。

〔2〕 **軟　岩**　　軟岩は第三紀層のうち新期に属する固結土の弱い泥岩・砂岩・凝灰岩，または第四紀更新統（洪積層）のうち，やや固結度が高く軟岩となったもの，および岩層が風化して軟らかくなったものなどを総称して表す地盤のことである。軟岩は，硬岩に比べて風化侵食を受けやすいが，一般に圧縮に対してかなり高い抵抗力を発揮するので，構造物基礎に対する地盤としての問題は比較的少ない。ただし，第三紀層，風化した泥質の結晶片岩類，蛇紋岩などでは水を多く含んで強度低下を起こすことが多く，そのため地すべりを生じやすい。また，このような岩盤内のトンネル工事などにおいて，水を含んで膨張性を示す岩石が存在したり，トンネル内に水が流出するようなことがある。

〔3〕 **土　砂**　　まだ固結していない土砂は，第四紀更新統（洪積層）の大半

と完新統(沖積層)および硬岩，軟岩を構成する岩層の風化土などである。これらの土からなる地盤では，構造物を造る際に沈下を起こしやすく，また強度が低いので変形あるいは破壊を生じやすく，また掘削時にも地盤が不安定になることが多い。これらについては，4章で詳しく述べる。

2.4.2 地形と地盤条件

一般に，地形は地下の地質状況を反映していることが多い。例えば，山地であれば岩石の硬軟，地層の走向，断層破砕帯などが地形に現れてくる。また，低地であれば地盤は扇状地のように砂礫や砂で構成され，河口付近では三角州のように細砂・シルト・粘土などの微粒子が厚く堆積している地盤となる。このように，同じ沖積平野であっても，地形上の違いによって異なる地盤条件が現れる。わが国の地形は大きく五つに分けられ，それぞれを構成する地質はつぎのようである(**表2.6**)。

(1) 山地　　深成岩類，古生層，中生層，第三紀層，古期火山岩類

(2) 火山　　新期火山岩類，火山砂礫，火山灰層

(3) 丘陵地　　新第三紀層，第四紀更新統(洪積層)，風化した古期岩類

(4) 台地(段丘)　　第四紀更新統(洪積層)

(5) 低地　　第四紀完新統(沖積層)

〔1〕**山地**　山地では，中・古生層や深成岩類など古い時代に生成され固結した岩層がその地盤の主体を構成している。一般に，これらの地域では，過去に地下内部で変形作用を受けて地層が曲面に変形する，いわゆる褶曲構

表2.6 地形と地質の概略模式断面図表 (鈴木隆介　1997を一部改変)

中地形類の五大区分	名称	火山	山地(狭義)	丘陵地	台地(段丘)	低地
	地形と地質の概略的断面図(日本の場合)	火山噴出物／深成岩類	古生界・中生界／断層	古生界・中生界／断層／第三系	火山灰層／断層／更新統	火山灰層／完新統　S.L.
	構成地質	第四紀の溶岩，火山砕屑岩類	硬岩(先第四系と火山岩，深成，半深成岩，変成岩)が多い	軟岩(新第三系，第四系の堆積岩)が多い	非固結の段丘堆積物，降下火山砕屑物	非固結堆積物(完新統)，さんご礁石灰岩

造が形成されていたり，また断層が発達しているので，その地質構造は複雑である。このような地域で土木地質上問題になるのは，膨張性の岩石（蛇紋岩や変朽安山岩など），これらの硬岩中に形成された断層破砕帯，空洞のある石灰岩，表層部の風化土層，崖錐，地すべり地などである。

〔2〕 **火 山** 火山は，第四紀更新世以後に形成された火山地域で，火山としての地形上の特徴を示していて普通の山地と区別することができる。一般に，固結している硬い火山岩類と未固結の火山砂礫層などが混在し，地盤構成がはげしく変化して複雑である。

火山礫は水を通しやすく，また溶岩も空洞を持っている。したがって，降雨は容易に地下に浸透して，表層部は地下水に乏しい。しかし，地下には多量の地下水が貯留されていることが多い。一般に，貯留水面の標高は高く，その圧力が山麓部の地下水に伝わるので，山麓の地下水が高い圧力を有していることが少なくない。このように圧力を持つ地下水を**被圧地下水**と呼び，またそこを被圧地下水帯と呼ぶ。このようなところで地盤に孔をあけると，被圧された水が吹き出てくる。

〔3〕 **丘陵地** 丘陵地は，新第三紀から第四紀更新世（洪積世）に形成された軟らかい岩層からなる。このような丘陵地において土木地質上問題となるのは，地下水で飽和した固結度の弱い砂層の存在や膨張性泥岩の存在である。また，古期岩層が厚い風化土層で覆われている丘陵地もある。風化土層中の硬い未風化部分が大玉石として分布するために硬軟不規則のことがある。

〔4〕 **台 地** 台地（段丘）は，固結度のごく弱い軟岩や，固結ないし半固結の土層を主体とする。このような場所では，第四紀更新世（洪積世）に生成された河成あるいは湖成の礫，砂および泥が一般に水平に堆積している。一方，関東甲信越・東北日本・北海道・九州などの地方では，台地（段丘）の表層部は厚さ数〜数十ｍの火山灰層で覆われており，その下には段丘砂礫層などが分布するのが通常である。このような地盤を人工的に切り取ると斜面が不安定になる恐れがある。また火山灰は土木材料として使うのに適さないことがある。段丘砂礫層の厚さは岩石段丘の場合と砂礫段丘の場合とで異なり，通常

数～数十 m である。その下位にある基盤岩の種類は場所によっていろいろである。

〔5〕 **低 地** 低地は最も新しい時代の堆積物で，未固結の完新統（沖積土層）よりなる。このため，各種建造物のための基礎地盤として使用するには支持力が不足するなどの問題がある。低地における土木工学的問題については，3章，4章で詳しく扱う。

2.5 地形の種類と読み方
2.5.1 地形の種類

地形は地球上で起こる多くの自然現象によって変えられる。それらは，風・河流・波・氷河・地すべり・地殻変動・噴火などであり，**地形営力**といわれる。地形営力は，一般にそのエネルギーの発生源が地球内部にある**内的営力**（地殻変動・噴火など）と地球表面部にある**外的営力**（風・河流・波・氷河・地すべりなど）に大別される。したがって，地形はその形成営力別に，つぎのように分けられる。

① 河成地形
② 海成地形
③ 風成地形
④ 氷河地形
⑤ 周氷河地形
⑥ 有機成地形
⑦ 集団移動地形
⑧ 火山地形
⑨ 変動地形

ほとんどの地形営力は地表面の侵食・運搬・堆積過程をひき起こす。そのため，形成営力と形成過程を組み合わせて，河成侵食地形，河成堆積地形，海成侵食地形，海成堆積地形，風成侵食地形，風成堆積地形，火山成定着地形，火山成変位地形などのように表す。おもな地形の種類を**表 2.7** に示す。

表2.7 おもな地形の種類(鈴木隆介 1997を一部改変)

地形種の類型		超微地形類	極微地形類	微地形類	小地形類	中地形類	大地形類	巨地形類
規模		10 m	100 m	1 km	10 km	100 km	1 000 km	
主要な形成営力別の地形種	変動地形	噴砂堆	地割れ	撓曲崖	断層崖 断層角盆地 地塁 地溝	山地 丘陵	弧状列島 海溝 大陸棚 大山脈	大陸 大洋底
	火山地形	溶岩シワ 溶岩トンネル	溶岩堤防	砕屑丘 火口, マール 溶岩円頂丘	成層火山 カルデラ 溶岩流原	火山(総称)	玄武岩台地	—
	河成地形	瓶穴, 侵食溝, 砂れん, 砂堆, 反砂堆, 平たん河床	河道, 淵, 瀬, 滝, 横列砂, 交互砂, 複列砂, うろこ洲, 落堀	河川敷 自然堤防 後背低地 流路跡地	扇状地 蛇行原 三角州 谷底低地 河成段丘	段丘 低地	大規模な平野	—
	海成地形	浜崖 砂れん カスプ 波食痕	巨大カスプ 浜 磯	浜堤, 砂し, 沿岸州, 沿岸溝, 波食棚	堤列低地 潟湖跡地 海成低地 海成段丘			
	集団移動地形	落石穴	滑落崖 土石流堆 崩壊地	地すべり堆 沖積錐 崖錐 麓屑面	—	—	—	—
	風成地形		砂丘	砂丘帯	—	砂, 岩石砂漠	砂漠	—
	その他	泥火山, 風穴	堆積堤	カール	さんご礁	氷河地形	—	

2.5.2 地形の読み方

　地形は**地形図**や**空中写真**の判読および現地での直接観察により把握することができる。また,地質学をある程度学んでおくと,地形から地盤概要を推定することができる。地形図は等高線で表現されたものが一般的に使われる。地形図上で最も注意すべき点は等高線間隔の変化である。この間隔がほぼ一定の斜

面は地すべりや崩壊に対してまず大きな問題はないが，周囲より際だって広くなったり乱れたりしている部分はなんらかの土木地質上の問題を含んでいることが多い。

　空中写真は通常の60％オーバーラップで撮影されている。2枚の写真でオーバーラップ範囲を立体視することにより，単写真判読ではできない三次元の識別ができる。特に，地形図の判読や現地観察に比較してつぎの点で優れている。

① 地形図よりも微細な地形が表現され，地形の全体像や広がり，連続性を把握しやすい。
② 植生，土地利用なども同時に読み取ることができ，総合判断の際の情報の一つとなる。
③ 立体視により垂直撮影形状が誇張して把握できる。
④ 色調，濃度が判読できる。
⑤ 過去の地形復元が容易である。

地形を読む際にまず大切なことは，最初に山地・丘陵地・台地・低地などの**中地形**に分けてみることであろう。つぎに大切なことは，それぞれの中地形の中をさらに**微地形**に区分しながら，同時に地盤の支持力や地すべりなどの災害現象に読みかえていくことである。

　例えば，山地では土木地質上問題となるような大きな断層や地すべり地形などが，地形上の特徴から比較的容易に判別できる。低地においては，より微細な地形の凹凸とその配列を読み取ることにより，表層部の土層の状況がある程度推測できる。例えば，粒が大きい土粒子が堆積しているのか，あるいは粒の細かい土が堆積した軟弱地盤かの判別が可能である。このような判別や推測は予備調査として位置づけられ，本調査として地盤調査を行うときの調査項目の選定に重要である。

　地形の種類と建設工事で問題となる主要事項を**表2.8**に示す。

2.5 地形の種類と読み方

表 2.8 地形の種類と建設工事で問題となる主要事項（鈴木隆介 1997を一部改変）

地形の種類			ダム・池敷	トンネル	基礎・盛土	切取り・開削
山地・丘陵		山頂緩斜面（小起伏面）	漏水	風化岩落盤	基礎根入	崩落
		山稜・山頂・峠	漏水（峠）			
	斜面	斜面（被覆，裸岩）	崩壊，表土除去	落盤，偏圧	基礎根入，偏圧	崩落，地すべり
		地すべり地	根堀，変位，湧水		基礎移動，崩落	
		崩壊地	崩落	偏圧，崩壊	基礎根入	崩落
		崖錐	根堀，崩壊，漏水	落盤	基礎移動，偏圧	
		沖積錐	根堀，漏水	落盤，湧水	基礎根入	
	河谷	0次谷	根堀	坑口落盤		
		急渓流	堆砂	湧水	洗堀	湧水
		谷底	根堀，漏水，堆砂	落盤，湧水	洗堀	崩壊，湧水
		カルスト地形	空洞，漏水	湧水，落盤	陥没	陥没
		断層線地形	支持力不足，漏水	湧水，変位	基礎根入，変位	崩壊
火山		火口・噴気地帯	滑動，腐食，漏水	盤膨，高熱	腐食，基礎移動	土圧
		火口原面	漏水	硬軟岩交錯		硬軟岩交錯
		放射谷底	根堀，堆砂，漏水		侵食，洗堀	湧水
		火山山麓扇状地				
		火砕流台地	漏水	落盤，湧水		崩落，湧水
段丘		砂礫段丘				
		岩石段丘	埋没谷からの漏水			
		ローム段丘	漏水	落盤，土圧	支持力不足	崩落，土圧
		段丘崖	漏水	坑口落盤，湧水	基礎根入	崩落
低地		扇状地		落盤，湧水	流心移動，洗堀	湧水，崩落
		蛇行原			支持力不足	湧水，土圧
		三角州				
		浜堤・砂州				
		砂丘	漏水	落盤，土圧	崩壊，土圧	落盤，湧水
		湖沼跡地	支持力不足，根堀	湧水，土圧	支持力不足	湧水，土圧
		海浜		落盤，湧水	洗堀,支持力不足	
		波食棚		湧水	基礎根入，侵食	湧水
		さんご礁	空洞，漏水	湧水，空洞		湧水，空洞

第3章 平野と地質

3.1 平野部の土地利用と地盤
3.1.1 平野部の土地利用

わが国にかぎらず，世界各国の主要都市の多くは平野部に立地している。傾斜地に比べて輸送が簡単なことなど，都市が大きく発達するためのいろいろな条件が備わっていたのである。もっとも，農業やそのほかの産業の立地にとっても平野部のほうが都合がよいことも確かである。

しかしその一方で，都市部に建設される構造物が大型化したり，地下空間が開発利用されるようになって，平野部であるがゆえの都合の悪い問題が出てきたのも事実である。例えば，平野部の地盤は大型構造物を支えるには軟らか過ぎるので，構造物を支える基礎に特別の工夫が必要となった。また，平野部では一般に，地下水面の位置が高いので，地下空間の掘削と利用の際の水処理問題が大きな課題となった。このような問題には，平野の形成過程を正しく理解して初めて適切に対応できるのである。

他方，わが国では国土が狭いということもあって，古くから農業用の干拓・埋立てが意識的に行われてきたが，第二次大戦後においては工業国としての発展を目的とした沿岸部の埋立てが盛んに行われ，臨海工業地帯が発達した。そして最近では，東京ビッグサイトに代表される商業地としての建築物，またレジャーランドや居住域などが臨海埋立地に建設されることが多くなった。これらは**ウォーターフロント開発**として位置づけられ，「水に親しむことができる

空間利用」をキャッチフレーズに，全国各地で大規模・小規模な開発が進んでいる（図3.1）。さらには，関西国際空港のように埋立人工島を建設することもめずらしくなく，都市圏や生活空間そのものが海域にまで拡張されている。

図 3.1 東京埋立開発地

現在は，さらに沖合への開発が進み，そこでの水深は20mを超えるようになってきている。そして軟弱沖積層の工学的性質を改善するために種々の技術が駆使されるようになっている。

これらの歩みからわかるように，土木技術者や建築技術者にとって平野部の地盤地質学を学ぶことは非常に重要である。特に注意を向けるべきは，海底や平野部が最も若い地盤で形成されているということである。"若い"とは，現在に至る新しい時代に土が運搬・堆積したことを意味し，若い地盤のほとんどは軟弱な地層から構成されている。

3.1.2 年代測定

地盤がいつごろ形成されたかを調べるには地層の年代測定を行う。それを行うことによって各地層の形成時期と順序（層序）がわかり，各地層の工学的性質に対する解釈が広く深くなる。

〔1〕 **同位体元素量による方法**　一般的に使われる年代測定の方法に同位

体元素の量を調べる方法がある．例えば，^{12}C の**同位体**である ^{14}C を使う方法がある．大気中や生物に含まれる炭素の**同位体元素** ^{14}C の量は，かつて地域的にも経時的にも一定であった（^{14}C は，宇宙線によって大気上層で作られた中性子と ^{14}N との核反応で生成し，大気中の二酸化炭素 CO_2 の C 中に一定の割合で含まれる）．生物が死んだとき，生物内の C には大気中と同じ割合の ^{14}C 量が含まれるが，その後時間とともにその量は一定の法則に従って減少していく．したがって，生物遺がい中の ^{14}C の量を調べることによって，その生物が死んだ後何年経過したかがわかる．ただし，人間活動（化石燃料の燃焼など）による炭素放出が活発になり始めてからは，^{14}C 濃度が低下しているので，その分の補正が行われる．

　^{14}C を用いて土の年代測定を行うには，その土に含まれている木片，木炭，泥炭，貝殻，骨などが用いられる．そしてそれらが生きていた年代を求めることにより，土の堆積年代（生物が埋もれた年代）が求まる．結果は B.P. 2500 のように記載されるが，B.P. (before present) は，現在から何年前という意味である．^{14}C の**半減期**が 5 730 年であるため，その約 7 倍の約 4 万年前までが ^{14}C 法の測定限界である．なお，半減期とは，放射能がもとの強さの半分になるまでの時間である．一般的には，^{14}C 法は数千〜数万年のオーダの年代測定に適している．したがって，数百年前に堆積した土の年代測定に ^{14}C 法を適用すると誤差が大きい．

　なお，元素の中には自然状態で不安定な原子核を有する種があり（^{14}C はその一例），そのような核種は α 線・β 線・γ 線を放出して別の核種へと変化する．この性質を放射能と呼び，原子核の状態変化は放射性崩壊と呼ばれる．そして崩壊の発生確率が時間的に核種に応じて決まっているために，半減期が核種ごとに固有に決まっている．

　図 3.2 は静岡県伊豆地方稲取沿岸でボーリングによって採取した土試料について ^{14}C 法によって年代測定を行った例で，地盤の特性を表す土粒子密度，炭酸カルシウム（$CaCO_3$）含有量，N 値（地盤の硬さの指標）および土質柱状図も同時に示してある．調査地点は稲取沖数百 m，水深 12 m のところ（**図 3.3**）

3.1 平野部の土地利用と地盤

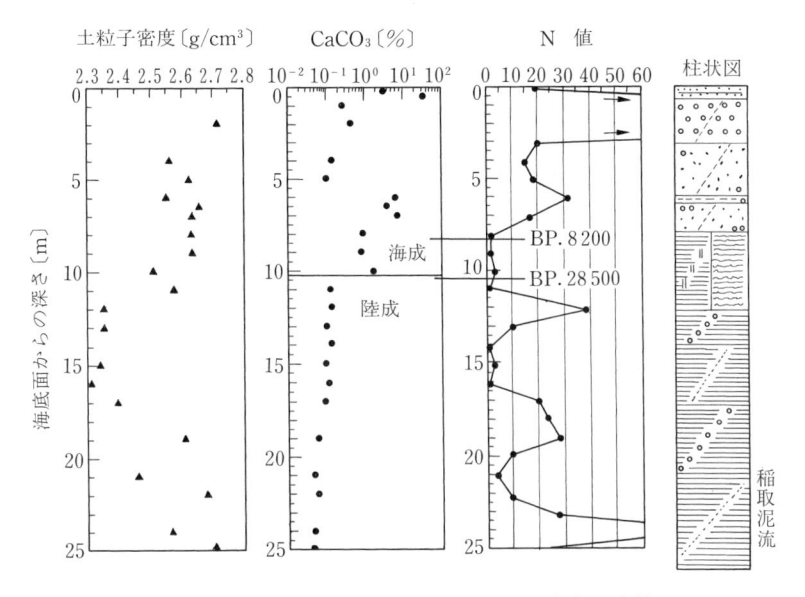

図 3.2 堆積環境が複雑な地層の ^{14}C 法による年代測定結果と土質特性（静岡県稲取沿岸）

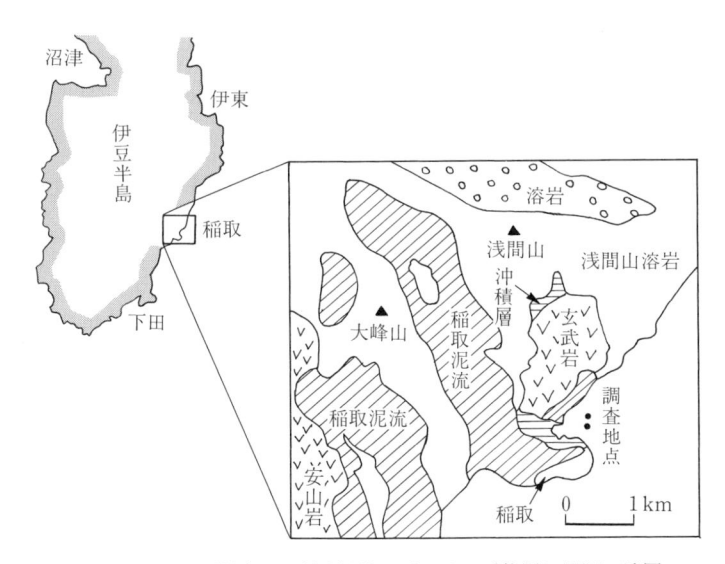

図 3.3 図 3.2 に関連した稲取沿岸のボーリング位置と周辺の地層

である。この周辺地域の大峰山や浅間山麓斜面には長い亀裂が入っており，地質学の分野で断層説と地すべり説の両方から活発な議論が行われている場所でもある。さらには，いまから約25 000年前に泥流が発生したことがわかっており，それは稲取泥流と呼ばれている。

深さ10 m地点の土について ^{14}C を調べた結果，その年代は約28 500年前のものと判明した。一方，その数m上の土は約8 200年前のものであることがわかった。このことは，沿岸海底で約2万年の間に結果的に数mの堆積物しか残らなかったことを示している。その間の堆積過程（侵食を含めて）の詳細はほかの広範囲な情報がないと把握できない。

そこで土粒子密度の大きさと炭酸カルシウム含有量が深度10 m付近で大きな変化を示していることに注目したい。地層が形成された時期に堆積環境が大きく変わったことを示唆している。これは，海面変動を考慮することによって説明されるようになる。すなわち，深さ約10 m（現在の水面から22 m）以深の地盤は約1万年前ごろまでは陸地であって，それ以降海面が上昇して水没したと考えられる。実際，これまでになされた海面変化（**海水準の変動**）に関する研究の成果により，いまから1万年前の海面は現在より約20 m低かったことがわかっている（図3.6参照）。この例からわかるように，地層の形成年代を知ることにより，地層形成のメカニズムを明らかにできる場合が多い。

^{14}C と異なる半減期を持つ別の放射性核種（同位体）を使うと測定したい年代を変えることができる。また，同じ元素の二つの同位体の半減期の違いによる相対質量比の変化を用いるウラン-ウラン法（^{238}U-^{234}U）や，ウラン-鉛法（^{238}U-^{208}Pb または ^{235}U-^{207}Pb）と呼ばれるウランが変化して蓄積される鉛量を測定する方法などがある。

ウラン-ウラン法は 10^5〜10^6 年，またウラン-鉛法は1億年以上の年代決定に使われる。特に，前者は深海底土に含まれる海成炭酸塩の年代測定などにも使われている。年代測定に使用されるおもな同位体元素とその半減期を**表3.1**に示す。

〔2〕 **堆積層同定による方法** 地盤中に含まれる**火山噴出物（テフラ）**の

表 3.1 地層の年代測定に使われる
おもな同位体元素と半減期

同位体元素		半減期〔年〕
水　　素	^{3}H	12.3
炭　　素	^{14}C	5.73×10^3
プロトアクチニウム	^{231}Pa	3.28×10^4
鉛	^{210}Pb	22.3
ウ　ラ　ン	^{235}U	7.038×10^8
	^{238}U	4.468×10^9

堆積層を同定することにより，それを含む地層の堆積年代を決定する方法がある。例えば，東京湾海底の約 1m の深さには，1707 年に噴火した富士山宝永山の噴出物が薄い層として堆積している。したがって，この層より上位の地層は 1707 年以降に形成された層であり，下位層は 1707 年以前の堆積層である。このように形成年代が明らかで地層形成の相対年代の指標となる地層を**鍵層**と呼ぶ。鍵層は離れた地点での同一層の確認，異なる地層の新旧の判断，堆積速度の概算などにおいて，重要な役割を果たす。

　一般的に，鍵層という用語は，比較的短期間に形成された同一の岩相を持つ地層に対して使われる用語である。しかし，わが国には火山が多く，過去に多くの噴火があったので，それら火山灰層を鍵層にできる地層が少なくない。九州地方におけるアカホヤ火山灰は約 6 300 年前の火山噴出物であり，鍵層としてよく用いられるものの一つである。

〔3〕**地　層**　以上に述べた方法を用いて総合的に各地層の形成時期としての**年代区分**が決まり，それに対応する名称としての地層の**年代層序区分**が行われている。年代区分と年代層序区分は混同されることが少なくないが，表 3.2 のように対応している。そしてそれぞれの区分に対応するひとまとまりの層を広く**地層**という言葉で表現している。すなわち，年代区分としては代・紀・世を用い，層序区分としては汎世界的に界・系・統を当てる（2 章参照）。例えば，東京湾沿岸に広く堆積している（地域的名称としての）有楽町層は新生代第四紀完新世の形成地層で，第四紀完新統に層序区分される。

表3.2 年代区分と年代層序区分

年代区分		代	紀	世	期
	例	新生代	新第三紀	鮮新世	後期
層序区分		界	系	統	階
	例	新生界	新第三系	鮮新統 掛川統	周智階

（注） 右へ進むにつれて細かい分類となる

3.1.3 平野地盤の工学的性質

　地質学にとって地層の形成や歴史はその学問的追求の対象であり，地層の年代決定は重要である。しかしながら土木工学や地盤工学では，地盤がいつ形成されたかということはそれほど問題ではなく，地盤の強さや硬さなどの工学的性質のほうが重要である。そのために地層という考え方よりも，工学的性質に主眼をおいて区分される**土層**という考え方のほうが重視される。すなわち，土層ごとに工学的性質が大きく異なるので，対象とする地盤全体の工学的性質を把握するには，土木工学や地盤工学では地質学的観点からの地層と工学的観点からの土層の区分および両者の関係を明らかにすることから仕事を開始する。この意味で地層と土層は違うのだが，本書では両者を以下きびしく区別せずに「地層」という用語を用いることにする。

　一般的にいうと，新しい地層ほど工学的には好ましくない。つまり，新しい地層ほど軟らかくて構造物の築造には適さないことが多い。そして，例外はあるものの，一般的に古い地層ほどより硬い。このことはつぎの二つのことに関係している。

〔1〕 **土の高密度化**　地盤の上に新たに土が堆積すると，その重量によって在来土から土中水がゆっくりと上下の排水層に絞り出され，在来土の密度が増大し，土は硬くなる。この過程を**自然圧密**と呼ぶ。なお，外力によるこの排水のために土の体積がじょじょに減少する作用や過程そのものは地盤工学で**圧密**として理論化されている。

〔2〕 **土粒子の化学的結合**　自然圧密の過程において同時に，土中に存在するこう着物質が土粒子の化学的結合にも寄与することがある。この作用は土

のセメンテーションと呼ばれ，堆積岩は高度の自然圧密と強いセメンテーションによって形成されると考えられている。セメンテーションに寄与する物質は，塩分，炭酸塩，非晶物質，粘土鉱物などとされているが，詳しくはわかっていない。未固結の土に対する最近の研究では，炭酸塩の効果が大きいことがわかっている。

いずれにしても，これら二つの作用による地盤の強度発現への効果は，時間が経つほど大きくなる。したがって，地盤強度は地盤の年齢と密接に関係しており，その意味でこれらの作用は総称して**時間効果**または**年代効果**と呼ばれている。なお，セメンテーションそのものは時間とともに化学反応によって土が硬くなる現象であり，厳密には時間硬化と書くべきである。

3.2 平野下の埋没谷

平野の地表面がほぼ平らであるからといって，その下に存在する地層すべてが平らであるとは限らない。むしろ，**図3.4**に示すように，表面とはまったく異なって凹凸の激しい地形であることのほうが多く，古い地層の表面の凹凸はその上に新しく堆積した土で覆い隠されている。このような古い谷地形は**埋没谷**と呼ばれる。

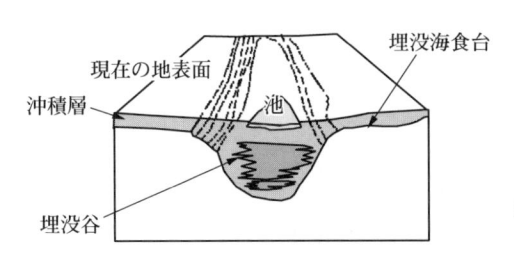

図3.4 埋没谷の断面

埋没谷の形成過程は，平野の形成過程と関連づけて初めて理解できる。埋没谷の土とその上に堆積した平野の土とでは，堆積時代が大きく異なる。次節で述べるように，埋没谷の上の土は堆積してからそれほど時間が経過していないので，セメンテーションに乏しく，また圧密もそれほど進んでいない。したがって，古い時代の埋没谷を形成している硬い土とは工学的性質が大きく異な

る．もし，埋没谷の存在に気がつかないまま，例えば盛土構造物を谷を横断するように造ったならば，埋没谷の部分で盛土の沈下や地盤のすべり破壊などを招くことになるであろう．

3.3 平野の形成

3.3.1 海水準の変動

地球の温暖化によって海水面の平均位置が上昇することはよく知られている．地上や北極に存在する氷が融け，海に流れ込むためである．では，地球大気の温度が現在より下がったらどうなるのであろうか．実際，過去にはそのようなことが何度も起こっている．

いまから約2万年前は，最後の氷河期（**ウルム氷期**）の最盛期であった．このときより約2万年前にすでに人類（**ホモサピエンス**：英知ある人）は現れていたので，ウルム氷期は人類がマンモス狩りをしていたような時代である．このとき，地球上の水のうち氷として存在する量が現在よりはるかに多かった．そのため，当時の海面は最大で現在より130～140 m も低かったことがわかっている．その間に，地上では氷河の移動による大地の侵食や海面低下による**下刻作用**が起こり，複雑な谷地形が形成された．氷河による侵食作用は氷食作用と呼ばれ（**図3.5**参照），形成された谷は**氷食谷**と呼ばれる．わが国において

図3.5 氷河に削られた岩盤
（ストックホルム）

は，氷河による侵食はほとんど起こらず，流水による侵食が起こった．侵食された土は下流に流れ，海岸付近で平野を形成した．当時の海面は現在より低かったのでウルム氷期時代に形成された古い平野は現在の大陸棚としてその存在を残すことになった．

水深 140 m より浅い海域部を大陸棚とすると，現在の日本列島を囲む大陸棚の外縁分布は**図 3.6** のようになる．大陸棚を水深 200 m までとすることが多いが，大陸棚外縁部の位置は，いまから 18 000〜2 万年前のウルム氷期最盛期の海岸線とそれほど変わらない．したがって，瀬戸内海を初めとして，ほとんどの内湾は陸地であったことがわかる．また，当時の日本列島は大陸と陸橋で結ばれていた．

図 3.6　ウルム氷期のときの低地と考えられる大陸棚の外縁部

図 3.7 は過去 15 万年間における地球の平均的な気温変化と海水準の変動を示す．気温が高かった時代には極地方の氷が融け海水準は高かったが，気温が低くなるにつれて海水準が下がり，2 万年前から急に温暖化して海面上昇を起こし，現在に至っている．この最後の海面上昇とともにそれまでに形成されていた侵食谷は海底へと没することになった．このような谷は**おぼれ谷**と呼ばれ

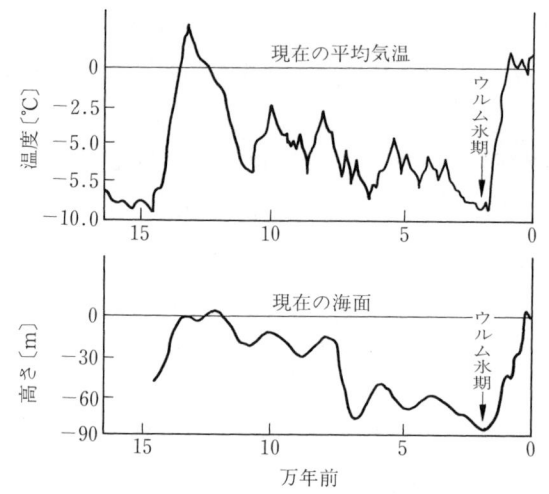

図3.7 気候変動による海水準変動

る。そして新たに侵食され運搬された土が，そのおぼれ谷を埋めながら平野を形成した。このようにして埋められた古い谷が前項で述べた**埋没谷**である。さらにいまから約6500年前には，海面が現在より5mほど高くなったので，このときの堆積土がおぼれ谷をさらに埋めつくし，現在の平野部を形成した。

ウルム氷期以降の海面上昇は一定速度で起こったのではなく，上昇・下降を繰り返した。この現象を陸地から眺めた場合に**海進**，**海退**と呼ぶ。すなわち，海面の上昇によって海側が広がる場合を海進，その逆を海退と呼ぶ。なお，いまから約1万年前には気候が一時的に大きく変化し，上昇中であった海面が一時的に約10〜20m下降して再び上昇した。

2万年前から数千年前までの，一時的海退を含む海進は汎世界的に起こったもので，各地で堆積作用を起こした。例えば，東京下町を広く覆っている地層である**有楽町層**もまたこのときの海進によって形成された。したがって，この場合は固有的に**有楽町海進**と呼ばれる。また，この時期が貝塚の分布から縄文前期前半と推定されることから，この海進を**縄文海進**とも呼ぶ。この後氷期海進によって，日本列島と大陸を結んでいた陸橋は水没し，現在の日本列島の姿が形成された。

3.3 平野の形成

　海進の場合と海退の場合とでは，同じ場所においても堆積する土の種類が違う。現在の平野部でその表層を構成する部分は，一般的にはこのような過程で形成され，海水準の変動と連動して複雑な地層となっている。海進の場合は，陸上堆積から海底堆積へと変化し，それにつれて砂主体の大きい土粒子から粘土主体の細かい土粒子が堆積するようになる。逆に海退の場合には海底堆積から陸上堆積へと変わり，粒の小さいほうから大きな砂，礫へと堆積物が変わる傾向にある。こうしてわが国の平野部では，一般に海底堆積土と陸上堆積土が互層を成している。その形成過程を図3.8に示す。例えば，A地点で海退時に陸上堆積している場合，そこには砂礫が堆積し，海進時には海底粘土質の土が堆積する。

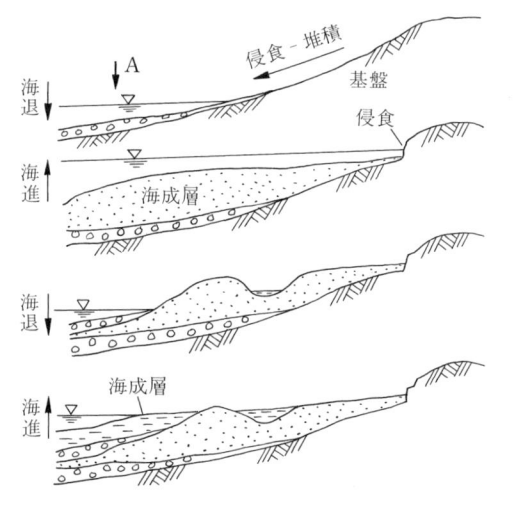

図3.8　海進・海退に伴う堆積地盤の形成過程

　土の工学的性質は土を構成する土粒子の大きさに強く依存する。例えば，砂と粘土では見た目にもまったく違うし，砂はさらさらした粒状土であるのに対して，粘土の粒子は水を含むとたがいに接着する。また，砂は水をよく通す性質を持っているのに対し，粘土は水をほとんど通さない。さらに，砂地盤は圧密しにくいが，粘土は圧密しやすい構造を有している。このように土の性質は土粒子の種類に依存しているので，海進・海退に伴って形成された地盤の土層構成も力学的性質も，面方向にも深度方向にも複雑に変化する。

3.3.2 最も新しい地層

最も新しい地層が形成された地質時代は，表2.1の区分に従うと，**新生代第四紀の完新世**（1万年以降）となるが，ウルム氷期以降の堆積層を特に**沖積層**と呼んで，完新統と区別する。以前には，沖積層を約1万年前以降の堆積物や河川氾濫（はんらん）による堆積物（つまり完新統）に対して使っていたこともあるが，工学的にはウルム最盛期（18 000～2万年前）以降の堆積物は連続しているので，それをあえて1万年前を境にして区別する必要がない。したがって，本書では，陸地・海底を問わず，ウルム氷期以降に堆積して形成された地層をまとめて沖積層と呼ぶことにする。

現在の平野部と海底に堆積している沖積層は，最長でも堆積後2万年しか経ていないので，圧密が十分に進んでいるとはいえず，セメンテーションも未発達である。すなわち，沖積層は一般に軟弱であり，このような地盤の上に構造物を造るとなると，適切な対策を講じないかぎり，種々の問題が生じることになる。また，地盤汚染が問題となるのは地表面に近い地層であることが多いので，やはり沖積層が対象となることが多い。

3.3.3 平野のでき方と軟弱地盤

一般に，堆積土を形成する土粒子の大部分は，河川によって運搬されたものである。急流の谷河川が平野部に達すると流速が急に小さくなるので，小石などの大きい土粒子が堆積する。このような堆積部は扇形を呈することから，**扇状地**と呼ばれる。また，平野部を流れる河川の両岸には砂が堆積し，**自然堤防**を形成する。人間が意識的に河川堤防を築造する前は，河川の流れは氾濫のたびにその方向を変えたので，平野部のあちこちにいまでも古い自然堤防が切れ切れに存在していることが多い。河口付近では流速が小さくなるので，細砂や泥が河川中にたまり，**三角州**が形成される。沖積平野は，このような河川の運搬・堆積作用と先に述べた海進・海退とによって形成された。

氾濫時には，河川の運搬土砂が自然堤防の背後を浸して，有機質に富む**後背湿地**を形成した。自然現象としての河川の氾濫はごく普通のことであり，氾濫が起こるたびに堆積状況は変化した。そのため，河川が方向を変えて流れるこ

3.3 平野の形成

とは決してめずらしいことではなく，そのたびに，新しい自然堤防や後背湿地などの堆積層が形成された。このような作用が海水準の変動と密接にかかわって，しだいに沖積地盤が形成されてきたのである。また，ときには上流で発生した大規模な土石流の痕跡が平野部の地層の中に埋没されていることもある。

このような地盤形成の劇的な変化は，特に氷期・間氷期という地球規模の気候変動によって決定づけられる。そしてその継続的な変化は，地図を変えるほどの土砂供給を可能とした河川氾濫の引き金としての豪雨や大雨，河川上流での崖崩れなど，自然現象そのものに由来している。一方，河口に放出された土は，波の力によって海岸付近または沖合に流出・堆積し，海流や波の影響で**砂州**や**砂し**が形成された場合もある。砂しとは，砂洲が鳥のくちばしのように長く突き出した形状を指している。ときには，砂しがさらに長く発達し，海を取り込んでしまい湖を造ることもある。このような湖に長年にわたって腐植土が堆積して湖を埋め尽くすと，きわめて軟らかい腐植土地盤が形成される。

図 3.9 に示す清水市の三保半島は砂しの典型例で，安倍川から排出された土砂が波と海流の作用によってオームのくちばし状に堆積したものである。また，富士海岸は富士川から出た土砂が砂しを形成したもので，沼津市までつな

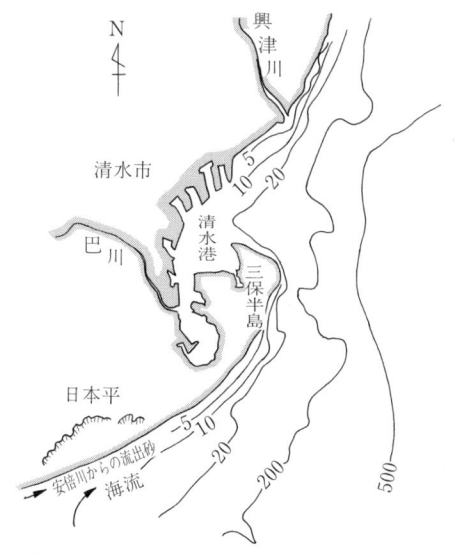

図 3.9 砂しが発達して形成された三保半島（清水市）

がる現在の千本松原はその上に形成された。ただしここでは，砂しによって陸が取り込まれてしまった昔の海の部分が，やがて腐植土の堆積により埋め立てられてしまった。この堆積地は浮島ヶ原と呼ばれ，わが国では地盤条件が最も悪い箇所となっている。**図3.10**に浮島ヶ原の推定地層断面の図を示す。

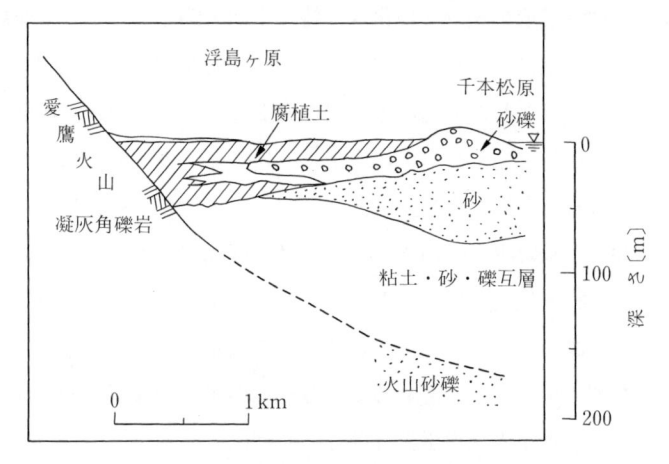

図3.10 浮島ヶ原の推定地層断面

　平野部では，その形成機構から，沖積層の下にその一つ前の時代の洪積層が存在するのが普通である。すなわち，洪積層に刻まれた谷地形が沖積層で埋められている。これは，平野が形成できるほど多量の土が過去2万年の間に山間部で侵食されたということを意味している。したがって，平野が形成されていないところでは，第三紀層地盤に刻まれた侵食谷地形が，その上に堆積物をのせないままに陸から水深数百mの海底までつながっていることもある。**図3.11**に蒲原海岸の古い海底侵食谷を示す。

　図の複雑な地形が海底地すべりによって形成された可能性もあり，水中ビデオカメラで調べたことがある。谷部はオーバーハングの形状となっており，またウルム氷期のときの海岸線および陸域の現在の谷地形から考えて，それがもともと侵食谷であるとの結論に達した。また，水深約150m以深には谷部から土砂が継続的に滑落して堆積している。

3.3 平野の形成   43

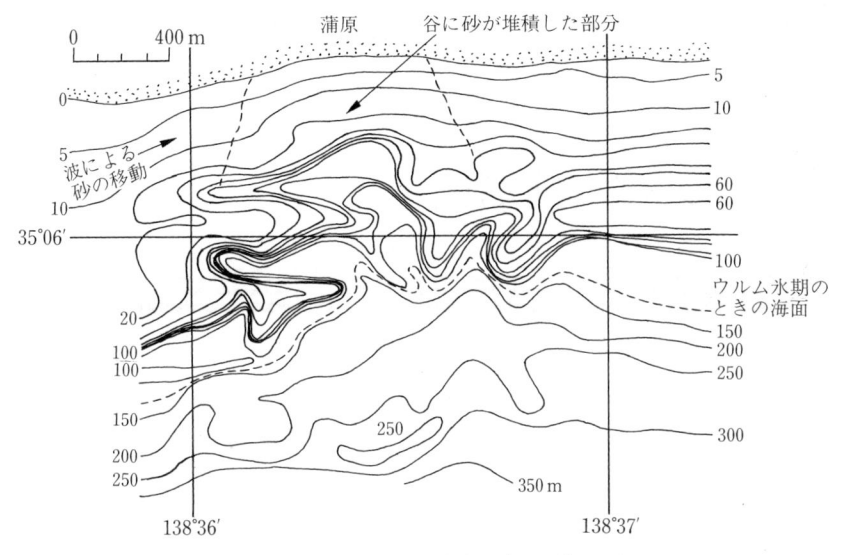

図 3.11 蒲原海岸の古い海底侵食谷（静岡県）

第4章 低地の地盤地質

4.1 地盤と土

4.1.1 地盤の工学的分類

地球の陸地表面を私たちは一般に大地と呼び，大地を地形的に分類して山地，丘陵地，低地などの用語を当てる。ここでは平野部と海底の浅い部分を含めて低地と呼ぶことにする。このような大地を表すのに，地盤工学や土木工学では，構造物を支えるという意味を込めて，特に**地盤**と呼ぶ。

地盤は土あるいは岩で構成される。土と岩は必要に応じて区別するものの，岩を含めて土と呼ぶ場合も少なくない。すなわち，大きな岩石もまた地盤を構成する土粒子と考えるのである。ただし，岩盤と地盤を対比して区別する場合には，地盤は土砂からなると考えるのが一般的である。図 4.1 で地盤（狭義）とあるのはそういう意味である。3 章で述べたように，低地の地盤はこの狭義の地盤である。

低地の地盤は大きく自然地盤と人工地盤に区分される。自然地盤はいわゆる

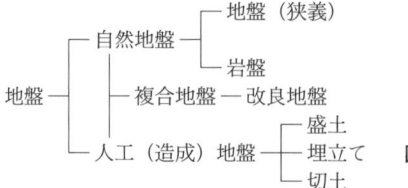

```
              ┌─ 地盤（狭義）
       ┌ 自然地盤 ─┤
       │          └─ 岩盤
地盤 ──┼─ 複合地盤 ── 改良地盤
       │          ┌─ 盛土
       └ 人工（造成）地盤 ─┼─ 埋立て
                  └─ 切土
```

図 4.1　地盤の区分（地盤調査法）

4.1 地盤と土　　**45**

自然堆積した土の地盤であり，人工地盤は埋立地や造成地などである。このほかには盛土地盤とか切土地盤と表現されることもある。さらには，自然地盤を人工的に改良した場合，改良が部分的にならざるを得ないので，全体を複合地盤と呼ぶことがある。

　土は土粒子とその間の空間（間げき）からなる。間げきには，気体と液体のどちらか，また両方が入り込んでいる。したがって，一般的には土を，固体粒子（固相），気体（気相）および液体（液相）の三相からなるものと考える（**図 4.2**）。これら三相のそれぞれの量または割合が土の性質を大きく左右することになるので，地盤工学の分野では，三相モデルに基づいて土の物理量が定義されている。それらの中で，おもなものを**表 4.1**に示す。

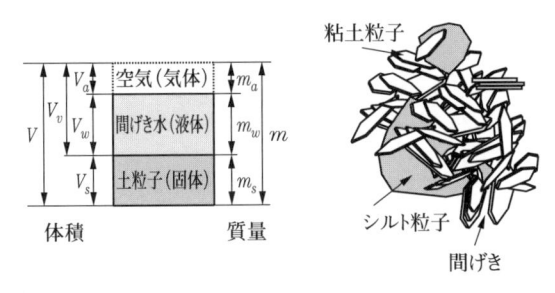

図 4.2 土の三相モデル

表 4.1 土の三相モデルによって定義される物理量など

物理量の名称	物理量の記号	定　義	物理量の名称	物理量の記号	定　義
間げき比〔%〕	e	V_v/V_s	土粒子密度〔g/cm³〕	ρ_s	m_s/V_s
含水比〔%〕	w	$m_w/m_s \times 100$	飽和度〔%〕	S_r	$V_w/V_v \times 100$
土の密度〔g/cm³〕	ρ_t	m/V	間げき率〔%〕	n	$V_v/V \times 100$
土の乾燥密度〔g/cm³〕	ρ_d	m_s/V	土粒子の比重	G_s	ρ_s/ρ_w
			水の密度	ρ_w	

4.1.2　土の工学的分類

　地盤は種々の土で構成され，土は種々の土粒子で構成されている。そして，

第4章 低地の地盤地質

土の特性を決定づける要素は，主として土粒子の表面特性であり，それは一般に土粒子の大きさによって決まる。そこで土粒子の大きさを**ふるい分け試験**などで規定される**粒度分析**によって調べ，粒径の違いをもって土を分類する方法を基本にすえている。粒径の細かいほうから**粘土**（5μm未満），**シルト**（5～75μm），**砂**（75μm～2 mm），**礫**（2～75 mm），石（75 mm以上）のように呼ぶ。これらはさらに分類されるが，わが国の基準と国際規格案では**図4.3**のように異なる。

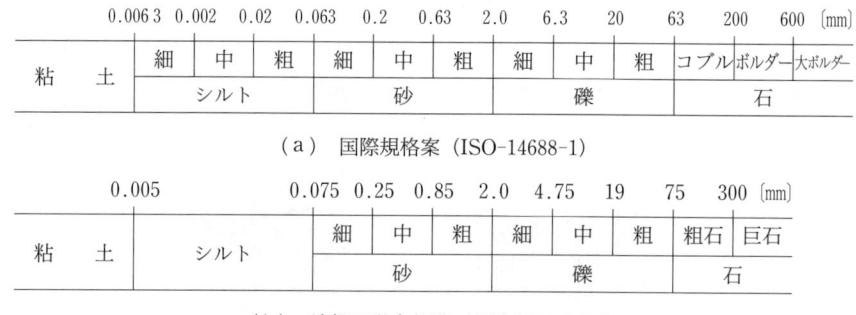

	0.0063	0.002	0.02	0.063	0.2	0.63	2.0	6.3	20	63	200	600 [mm]
粘土	細	中	粗	細	中	粗	細	中	粗	コブル	ボルダー	大ボルダー
	シルト			砂			礫			石		

（a） 国際規格案（ISO-14688-1）

	0.005		0.075	0.25	0.85	2.0	4.75	19	75	300 [mm]
粘土	シルト		細	中	粗	細	中	粗	粗石	巨石
			砂			礫			石	

（b） 地盤工学会基準（JGS 0051-2000）

図4.3　粒径による土粒子の分類の比較

このうち，土に含まれる粘土分およびシルト分は土の細粒分と呼ばれ，また砂分および礫分は土の粗粒分と呼ばれる。また，いろいろな粒径からなる粗粒土は，含まれるそれぞれの成分量によってシルト混じり礫質砂，礫混じりシルト質砂などのように呼ばれる。わが国の分類の○○混じり，△△質と呼ぶ方法の基準は**表4.2**に示すとおりである。

表4.2　土質名称の付け方

呼び方	粘土・シルト・砂・礫分の含有量〔％〕
なし	その粒径分が5％以下の場合は無視
混じり	その粒径分が5％以上15％未満混入の場合 例（シルト12％，砂88％）：シルト混じり砂
質	その粒径分が主ではないが，15％以上50％未満混入している場合 例（粘土8％，シルト32％，砂60％）：粘土混じりシルト質砂

表 4.3 粗粒土と細粒土の分類〔社団法人地盤工学会編：土質試験の方法と解説—第1回改訂版—，p 217（2000）〕

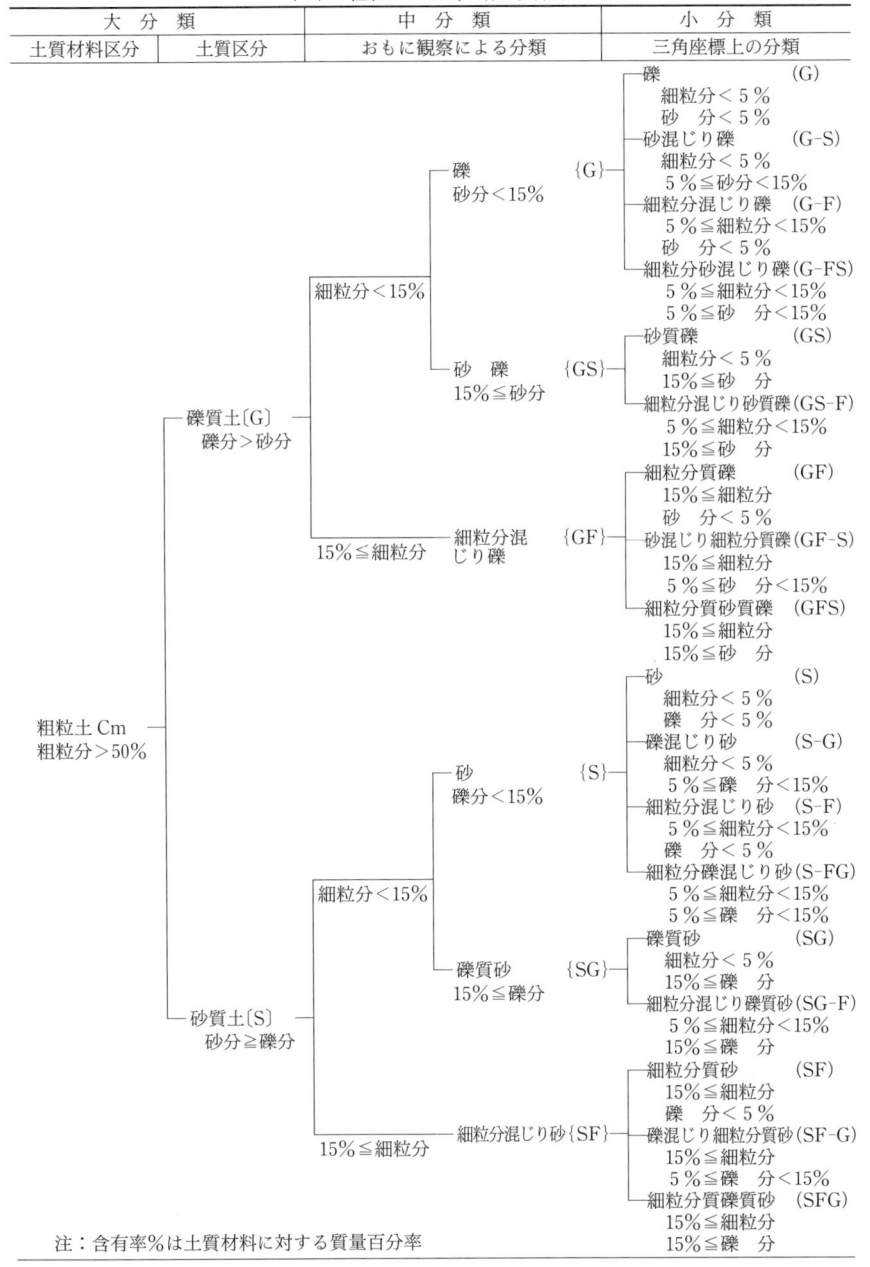

（a） 粗粒土の工学的分類体系

大 分 類		中 分 類	小 分 類
土質材料区分	土質区分	おもに観察による分類	三角座標上の分類
粗粒土 Cm 粗粒分 > 50%	礫質土〔G〕 礫分 > 砂分	細粒分 < 15% : 礫 砂分 < 15% {G}	礫 (G) 　　細粒分 < 5 % 　　砂 分 < 5 % 砂混じり礫 (G-S) 　　細粒分 < 5 % 　　5 % ≤ 砂分 < 15% 細粒分混じり礫 (G-F) 　　5 % ≤ 細粒分 < 15% 　　砂 分 < 5 % 細粒分砂混じり礫 (G-FS) 　　5 % ≤ 細粒分 < 15% 　　5 % ≤ 砂 分 < 15%
		砂礫 15% ≤ 砂分 {GS}	砂質礫 (GS) 　　細粒分 < 5 % 　　15% ≤ 砂 分 細粒分混じり砂質礫 (GS-F) 　　5 % ≤ 細粒分 < 15% 　　15% ≤ 砂 分
		15% ≤ 細粒分 : 細粒分混じり礫 {GF}	細粒分質礫 (GF) 　　15% ≤ 細粒分 　　砂 分 < 5 % 砂混じり細粒分質礫 (GF-S) 　　15% ≤ 細粒分 　　5 % ≤ 砂 分 < 15% 細粒分質砂質礫 (GFS) 　　15% ≤ 細粒分 　　15% ≤ 砂 分
	砂質土〔S〕 砂分 ≥ 礫分	細粒分 < 15% : 砂 礫分 < 15% {S}	砂 (S) 　　細粒分 < 5 % 　　礫 分 < 5 % 礫混じり砂 (S-G) 　　細粒分 < 5 % 　　5 % ≤ 礫 分 < 15% 細粒分混じり砂 (S-F) 　　5 % ≤ 細粒分 < 15% 　　礫 分 < 5 % 細粒分礫混じり砂 (S-FG) 　　5 % ≤ 細粒分 < 15% 　　5 % ≤ 礫 分 < 15%
		礫質砂 15% ≤ 礫分 {SG}	礫質砂 (SG) 　　細粒分 < 5 % 　　15% ≤ 礫 分 細粒分混じり礫質砂 (SG-F) 　　5 % ≤ 細粒分 < 15% 　　15% ≤ 礫 分
		15% ≤ 細粒分 : 細粒分混じり砂 {SF}	細粒分質砂 (SF) 　　15% ≤ 細粒分 　　礫 分 < 5 % 礫混じり細粒分質砂 (SF-G) 　　15% ≤ 細粒分 　　5 % ≤ 礫 分 < 15% 細粒分質礫質砂 (SFG) 　　15% ≤ 細粒分 　　15% ≤ 礫 分

注：含有率%は土質材料に対する質量百分率

表 4.3 （つづき）
(b) おもに細粒土の工学的分類体系

大分類		中分類		小分類	
土質材料区分	土質区分	観察・塑性図上の分類		観察・液性限界などに基づく分類	
細粒土 Fm 細粒分≧50%	粘性土〔Cs〕	シルト 塑性図上で分類	｛M｝	$w_L<50\%$ ──── シルト（低液性限界）	(ML)
				$w_L≧50\%$ ──── シルト（高液性限界）	(MH)
		粘土 塑性図上で分類	｛C｝	$w_L<50\%$ ──── 粘土（低液性限界）	(CL)
				$w_L≧50\%$ ──── 粘土（高液性限界）	(CH)
	有機質土〔O〕	有機質土 有機質，暗色で有機臭あり	｛O｝	$w_L<50\%$ ──── 有機質粘土 （低液性限界）	(OL)
				$w_L≧50\%$ ──── 有機質粘土 （高液性限界）	(OH)
				有機質で，火山灰質-有機質火山灰土	(OV)
	火山灰質 粘性土〔V〕 地質的背景	火山灰質粘性土	｛V｝	$w_L<50\%$ ──── 火山灰質粘性土 （低液性限界）	(VL)
				$50\%≦w_L≧80\%$ ──火山灰質粘性土 （Ⅰ型）	(VH₁)
				$w_L≧80\%$ ──── 火山灰質粘性土 （Ⅱ型）	(VH₂)
高有機質土 Pm 有機物を多く含むもの	高有機質土〔Pt〕	高有機質土	｛Pt｝	未分解で繊維質──泥炭	(Pt)
				分解が進み黒色──黒泥	(Mk)
人工材料 Am	人工材料〔A〕	廃棄物	｛Wa｝	廃棄物	(Wa)
		改良土	｛Ⅰ｝	改良土	(Ⅰ)

細粒土や有機質の土については，その性質が必ずしも粒径の大小に依存しないので，一般的には**コンシステンシー限界試験**を行い，その結果に基づいて分類する方法がとられる。粗粒土と細粒土の分類方法を**表4.3**に示す。

4.1.3 土粒子の生成

粗粒分である礫や砂は，造岩鉱物が主として**物理的風化**によって細かく砕かれたもので，鉱物学的には石英や長石などの**一次鉱物**であることが多い。石英や長石はともにケイ素と酸素が規則的に配列した結晶構造を有するが，石英が化学的に非常に安定した構造を持つのに対して，長石の構造は化学的に不安定である。不安定な結晶の中でケイ素の多くは，アルミニウムやマグネシウムなどの元素で置き換えられており，このような結晶構造は化学変化によってその構造を変える。この作用を**化学的風化**という。化学的風化は表面から進むので，粒径は小さくなるのが普通である。

4.1 地盤と土

図 4.4 は風化作用を受けて土粒子が生成する過程や堆積するまでの経路を示している．土粒子が生成される前の岩石は**母岩**と呼ばれ，2 章で述べたあらゆる種類の岩石が考えられる．母岩が風化し，そのまま同じ位置に残っている土は**残積土**と呼ばれる．わが国の代表的な残積土は花崗岩が風化した**まさ土**で，近畿地方や中国地方に多く見られる．

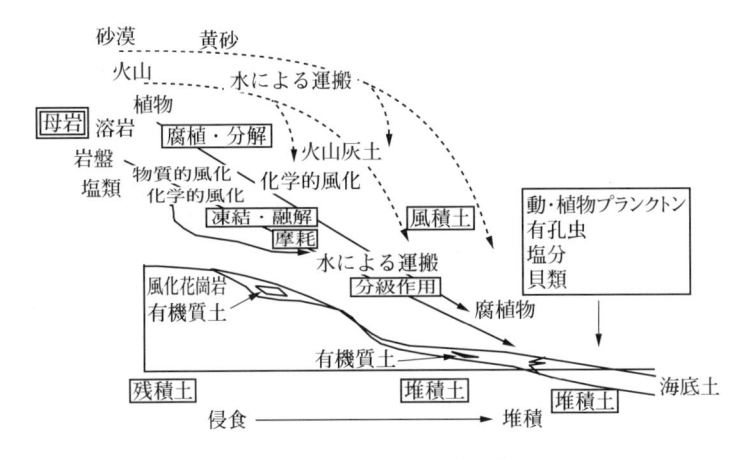

図 4.4 土粒子の生成と堆積過程

粘土鉱物は，長石や雲母などの造岩鉱物が化学的風化によって溶けたものの中から別の板状結晶として再生したものである．その際にアルミニウムやマグネシウムなどがケイ素の位置に置き換わりやすい（**同形置換**と呼ぶ）．ケイ素とアルミニウムは電価数が異なるので，同形置換によって粘土鉱物には負の電荷が生じ，粘土粒子はその表面に静電気を帯びる．そのために粘土粒子は有極性の水分子やいろいろなイオンと相互作用を持つ．すなわち，水分子は土粒子表面の電気力に引きつけられて水分子の吸着層を形成し，同時に多くの陽イオンが水分子とともに土粒子の周りに引きつけられる．そのために細粒土では，粘土鉱物を取り巻く水分子吸着層どうしの相互接触による粘性的な性質が生じる．ところが，砂や礫では鉱物どうしが直接接触するために，それらの集合体は粘性を持たない．したがって，粘土と砂の大きな相違点は，粘性的な性質を持つかどうかにある．この違いが地盤工学の種々の問題に大きくかかわってくる．

森林の落ち葉が積み重なっているところでは、微生物による分解作用が盛んに行われている。土中の微生物とは、かび、菌類や細菌などである。その数は、土1g当り200万個ともいわれ、有機物を無機物に変える作業を担っている。ここでは、ミミズの出す分泌物が微生物の分解作用を促進するといった、複雑な相互作用が働いている。また、ヤスデ、オカダンゴムシ、ササラダニなどの土壌動物も落ち葉を食し、有機物の分解に一役買っている。これらの動物界にも弱肉強食のおきてがあり、それが生態系の根幹として地球環境の維持を保証している。微生物の分解作用で、無機の窒素やリンが生産されるが、これらの元素は植物の成育にとって重要な栄養分となる。また、このような土は、空げきは大きくその中に水分や空気が多く含まれているので、微生物や土壌動物の成育にとって非常によい条件を与えている。

このような分解作用は土層を観察することによって見て取れる。分解の進んだ土は普通、無機炭素の黒色を呈している。分解した有機土は、農学や林学にとって重要な土であり、一般に**土壌**と呼ばれる。分解途中の腐植有機物は、フミン物質と非フミン物質に分けられる。フミン、フミン酸またはフルボ酸などからなるフミン物質は非常に多くの分子結合からなっており、その分子量は数万にものぼる。そして、この大きな分子量と大きな比表面積が多量の汚染物質やイオンを引きつける力のもとになる。

このように形成された土壌は栄養分となる窒素やリンなどとともに降雨時に近隣の河川や湖に流出し、河川を通して海にまで運ばれる。そして最初は植物プランクトンの栄養となり、その植物プランクトンを動物プランクトンが摂取するなどして、いわゆる食物連鎖が始まる。

一方、有機物を多く含む土壌が多く残積するところでは有機質土層を形成する。その一部は河川によって運ばれて、その他の土粒子とともに海底に堆積する。したがって、海底土にも陸成の有機物が多かれ少なかれ混入している。

4.1.4 土粒子の種類

図4.5は土粒子の種類についてまとめたものである。土粒子がまず有機物と無機物に分類されること、さらに無機物が非晶質と結晶質に分けられることを

4.1 地盤と土

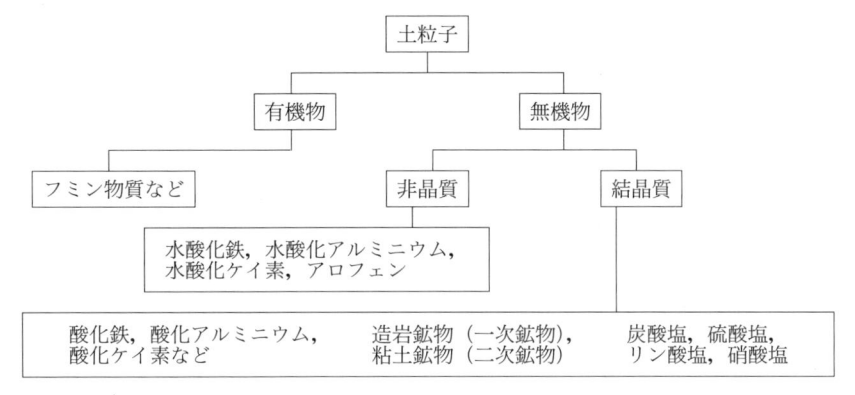

```
                          土粒子
              ┌─────────────┴─────────────┐
            有機物                       無機物
              │                ┌──────────┴──────────┐
              │              非晶質                 結晶質
        ┌─────┴─────┐          │                     │
   フミン物質など              水酸化鉄，水酸化アルミニウム，
                              水酸化ケイ素，アロフェン

   ┌──────────────────┬─────────────────────┬──────────────────┐
   │ 酸化鉄，酸化アルミニウム， │ 造岩鉱物（一次鉱物），  │ 炭酸塩，硫酸塩，    │
   │ 酸化ケイ素など          │ 粘土鉱物（二次鉱物）   │ リン酸塩，硝酸塩    │
   └──────────────────┴─────────────────────┴──────────────────┘
```

図 4.5 土粒子の種類

示している。

土粒子として一般的な石英などの造岩鉱物（一次鉱物）および粘土鉱物（二次鉱物）は無機物の結晶質であり，非晶質のおもなものは，火山灰土に含まれるガラス物質や特殊な粘土鉱物とされているアロフェンである。

粘土鉱物のほとんどは 2 μm 以下の粒子であり，その種類によって結晶構造，電荷密度，粒子形状，大きさなどが異なるので，それらが集合した粘土としての性質もそれに含まれる粘土鉱物の種類や量によって異なる。代表的な粘土鉱物には，**カオリナイト**，**ハロイサイト**，**イライト**，**クロライト**，**モンモリロナイト**，**アロフェン**などがある。

多くの非晶質土粒子は，造岩物質が急冷したことによって結晶に成長し得なかったものである。したがって，結晶軸を持たず，X 線回折分析による結晶同定ができない。その典型はガラスであり，九州地方に広く分布するしらすはガラス状粒子の集合体である。また関東ロームなどの火山灰に多く含まれるアロフェンは代表的な非晶質の粘土鉱物である。

炭酸カルシウム($CaCO_3$) は炭酸塩の中では代表的な物質であり，石灰岩の主成分（50％重量比以上）である。炭酸カルシウムは，海成の**コッコリス**（植物プランクトン）や**有孔虫**の殻の主成分であり，それが海底に多く埋積したところでは石灰岩を形成する。炭酸カルシウムが海底に沈降する年間の量

は，少なくともこの数百万年の間どの海域でもほぼ同程度なので，海底土には炭酸塩が必ず含まれている。貝殻やさんごなども炭酸カルシウムであり，さんご砂や貝殻を主体とした土層では炭酸塩含有量がきわめて高い。なお，さんご砂の場合，その約90％が炭酸塩である。

最近になって，炭酸塩が土粒子どうしの結合に大きな役割を果たしていることが明らかになってきた。後に述べるように土の強度が炭酸塩含有量に大きく左右されることになるので，炭酸塩の役割は工学的に重要である。

海中や淡水中で珪藻の殻が集積して**珪藻土**が形成される場合があった。純粋な珪藻土は90％以上の**二酸化ケイ素**（SiO_2）からなる。二酸化ケイ素は石英や長石の基本結晶単位であるが，珪藻土の構成粒子はあくまでも珪藻の殻であり，その形状はじつに多岐にわたる。わが国の沖積粘性土には多量の珪藻殻が見られる。

図4.6に種々の堆積粒子の電子顕微鏡写真を示す。図（a）は土中の炭酸カルシウムのもととなるコッコリスと呼ばれるプランクトン（9 000倍で撮影），図（b）は堆積物中で生成される鉄分を多く含むパイライト（2 500倍で撮影）であり，珪藻の中で生成されている。また，図（c）は，珪藻（円盤状のもの）で，珪藻が多く含まれる土は珪藻土と呼ばれる。図（d）は，カオリナイトと呼ばれる代表的な粘土鉱物（19 000倍で撮影）である。形状は六角板状をしている。図（e）はセリサイトと呼ばれる粘土鉱物（倍率11 000倍で撮影）であり，図（f）はパイロフィライトと呼ばれる粘土鉱物（倍率10 000万倍で撮影）である。粘土鉱物については種々の文献に詳しい。

以上のように，土を構成する固体粒子はいろいろなものからなっており，単一のもので土が構成されていることは滅多にない。しかしながら，主体をなす土粒子種が土の工学的性質をおもに決めるので，その主体種を固定する努力が大切である。ただし，少量しか含まれていない場合でもそれが土全体の性質に大きな影響を与えることもある。その辺の事情はいまだよくわかっていないのが実状である。それほどに土の工学的性質は複雑である。

(a)

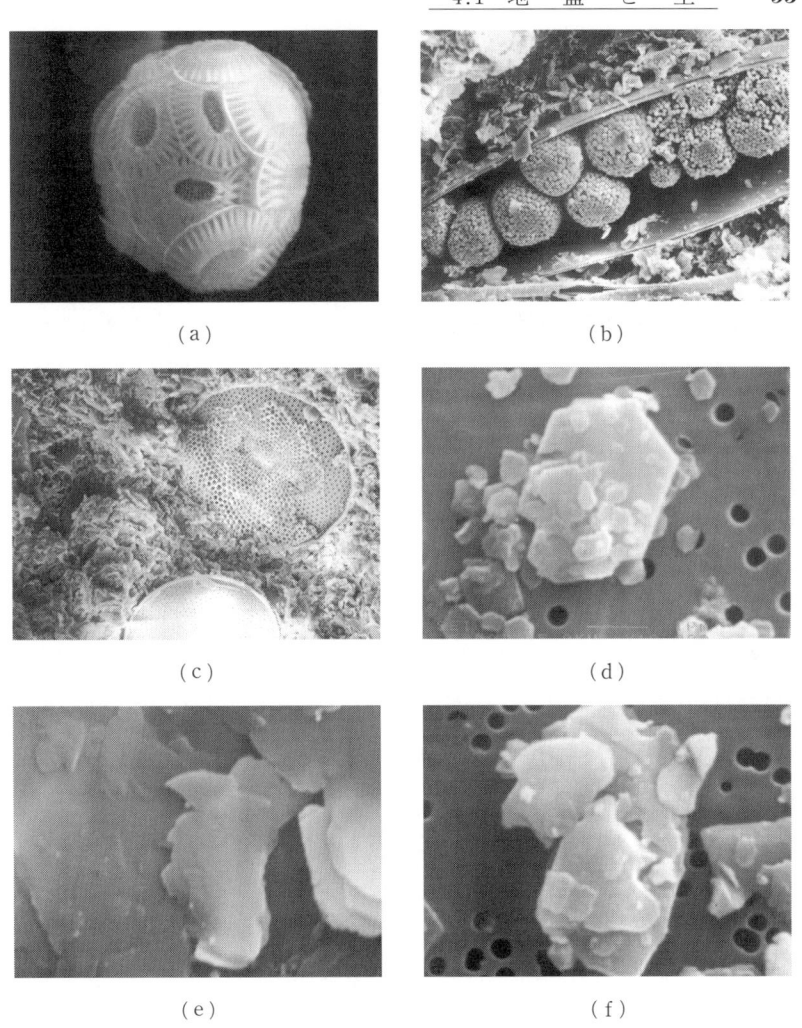

(b)

(c)

(d)

(e)

(f)

図4.6　種々の堆積粒子の電子顕微鏡写真

4.1.5　間げき物質

　土粒子が占める以外の空間は**間げき**と呼ばれる。間げきは気体で満たされている場合もあれば，液体で満たされている場合もある。また，気体と液体の両方からなる場合もある。

　間げき中の水分は**間げき水**または**土中水**と呼ばれる。一般に，力学的な観点

から土を述べる場合に間げき水という用語を使い，**地下水**を扱う場合に土中水という用語を使う。間げき水の量は土の性質を大きく左右するので，土要素に含まれる固体粒子の質量に対する水の質量を百分率で表した**含水比**が定義されている（表4.1）。

海成土に含まれる間げき水は海水であり，陸成土では陸水である。両者の違いはおもに，含まれる各種イオンの種類と量の違いにある。すでに述べたように，特に粘土粒子は間げき水に含まれるイオンと強い相互作用を及ぼし合うので，海成粘土と陸成粘土の工学的性質にはかなりの違いが認められる。また海成粘土層が陸地化して真水に洗われる（リーチング）ことにより，力学的にきわめて不安定な土になることも知られていて，それが工学的なトラブルを招くこともある。また最近では，間げき水に過剰な量の重金属，有機溶剤などの有害物質が混入し，環境問題を起こす場合もある。

土中に含まれる気体は，普通は空気であるが，有機物の腐植によるメタンガスが含まれていたり，無酸素状態になっている場合もある。また汚染土中では揮発性の有毒ガスが含まれていることもあるので，地下工事においては間げき空気の成分分析が要求されるようになっている。

4.1.6 堆 積 土

2章で述べたように堆積土にはいろいろあるが，低地を構成する主要な堆積土には成因別につぎの三つがある。

〔1〕 **風積土** 風によって運ばれ堆積した土で，火山灰や大陸から飛来する黄土などがある。わが国において火山灰の堆積分布は広く，一般に偏西風の影響で火山噴火口の東側に堆積している。比較的粗粒な火山噴出物は火山体近くの丘陵地を形成する。その代表的な例は鹿児島に多い**しらす**であり，その崩壊土砂が低地を埋める二次しらす地盤を形成する。火山灰質粘性土の典型例は**関東ローム**であるが，その多くは低地周辺の台地に堆積している。低地に完新世に堆積したものは洪水時にあらかた流出してしまっている。黄砂は主として冬季に大陸から飛来し，微量であるが毎年堆積している。

〔2〕 **河川運搬による堆積** 山岳地や丘陵地で浸食されて河川に流出した

土粒子は河川の流れとともに流下する。流速の速い上流では粗大な粒子がおもに堆積し，流速が落ちるにつれて，より小さな土粒子が堆積する。日本では河川長が比較的短いために，砂が河口付近まで運搬され，より細かいシルトと粘土粒子は内湾などの静かな海域でのみ海底に堆積する。海流の強い河口ではシルトや粘土は流されてしまい，河口とその周辺部にはおもに砂が堆積する。

侵食が激しくて土砂供給量の多い急流河川の河口部からはより粗い粒子が排出され，逆の場合にはより細かい粒子が排出される。また，海岸での波侵食や海流が強いところではより粗い粒子のみが残留堆積し，逆の場合にはより細かい粒子が沖合にまで広く堆積する。したがって，河口部での供給と侵食の兼ね合いで海岸付近に堆積する土砂の種類が決まることになる。そして海進の場合と海退の場合とでは先に述べた原理が働いて，低平地の堆積は一層複雑な過程をたどることになる。

河口からの土砂排出によって形成された砂浜や干潟の多くは，このような河川流と沿岸流の運搬力のバランスに左右されて形成・維持・消失する。すなわち，沿岸地形の形成と山岳部の侵食は，収支バランスの面で密接な関係にある。地質学的には上記の原則がつねに働いて少しずつ自然地盤が変化するが，最近のわが国では人間の自然に対する働きかけが強く，河川による海への土砂供給がダム建設・砂防工事などにより，特に減少している。そのため，波や海流による侵食作用の強い日本海側では特に**海岸侵食**が大きな問題となり，太平洋側の内湾では干潟の消失が問題になっている。

〔3〕 **波による侵食・堆積作用** 海岸に打ち寄せる波は，長年にわたって砂浜以外の海岸をも侵食する。このような侵食作用によって**海食崖**や**波食台**が形成される。侵食によって生じた砂は波や海岸流によって他所に運搬されて堆積し，新たな砂浜を形成する。

4.1.7 海底地盤

わが国沿岸部や湾の海底表層には現在も土粒子が堆積し続けており，沖積層を形成している。その厚さは最大数十 m 程度であり，沖合に行くほど非常に薄いか，ほとんど無視できるようになる。

大阪湾のただ二つの出入口となっている明石海峡と友ヶ島水道の水深は約100 m である（**図 4.7**）。ウルム氷期最盛期には海面が現在より約 130〜140 m も低かったので，当時の明石海峡や友ヶ島水道は河床であり，そこにウルム氷期時代の礫が堆積していたと考えられる。それ以降の海水面上昇に伴って，現在の大阪湾となっている海域は大阪湾に注ぐ河川から排出された土粒子により十数〜数十 m ほど埋められたが，明石海峡と友ヶ島水道では潮流が速くて堆積が生じなかったと考えられる。それ以外の湾底部の埋積物が沖積層である。そしてその沖積層の下には厚い洪積層が存在している。

土粒子の堆積速度は，一般に河口付近で大きく，河口から遠ざかるに連れて小さくなる。堆積速度を推定するには，地層の年代測定を行って，それをもと

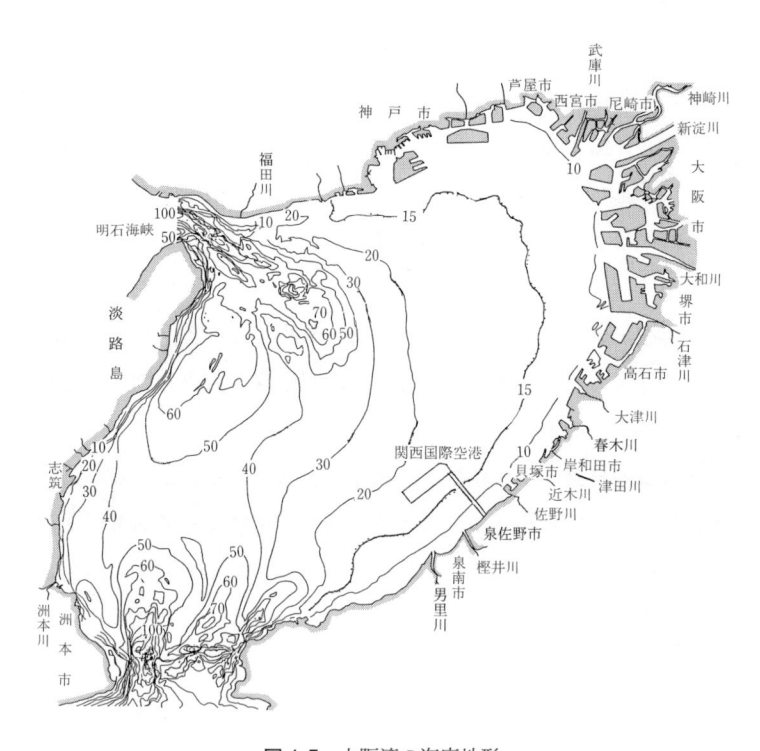

図 4.7　大阪湾の海底地形

に決定するのが一般的である。ただし，年代測定が簡単でないことから，わが国では主要な湾のかぎられた測定点での値しかわかっていない。

地質学上の堆積速度はある地層についての年平均堆積速度であり，cm/y あるいは $g/cm^2/y$ で表現される。どちらの単位を用いてもよいが，まず $g/cm^2/y$ で求めて cm/y に換算するほうが論理的に正しい。$g/cm^2/y$ 表示だと深度に関係なく堆積速度を一定と仮定できるのに対し，cm/y 表示では堆積厚さが圧密により変化するために，堆積速度を一定と仮定できないからである。したがって，精度が要求される場合には $g/cm^2/y$ を使う必要がある。しかし，高い精度を要求できない場合，例えば2枚の鍵層の推定堆積年代から堆積期間を推定する場合には，簡単に算定できる cm/y のほうが便利である。

4.1.8 堆積地盤の強度発現機構

土木工学や地盤工学において最も重要な地盤の性質は，**強度特性**である。砂質土では粒子の締まり具合が土の強さを決定し，粘性土では密度のほかに粒子間の化学的結合力が強さに大きな影響を与える。

これまでの経験により，土に乱れを与えると粒子間結合が壊れて強度低下を招くことがわかっている。その乱れを防ぐために，**乱さない試料**を採取する装置の開発や改良に多大な労力が費やされてきたのであるが，同時に乱さない土の強さと乱された土の強さの関係を土の人為的な練り返しによって明確にする研究も行われた。その結果，試料土を練り返すことによって強さが相当低下することがわかっている。強度低下の著しい粘土を一般に**鋭敏粘土**というのであるが，その最も顕著な粘性土は，スカンジナビア半島やカナダ東部に堆積している海成粘土である。例えば，ノルウェイ粘土では，練り返しによってその強度が1000分の1にもなることがある。

このような粘性土は**クイッククレイ**と呼ばれており，振動に弱くて粒子間結合が壊れるとほとんど液状になってしまう。したがって，古くからクイッククレイについて多くの研究が行われてきた。クイッククレイについてわかっていることは，海底に堆積したためにイライト系粘土鉱物が多く含まれていること，氷河が溶けたことによって地盤が隆起して陸地になった部分にあること，

第4章　低地の地盤地質

液状となった土に食塩を加えるとある程度強度が回復することなどである。このような結果が得られたために，海成粘土や海底土の強度特性に塩分が与える影響についていろいろ研究が行われ，いまも継続中である。しかし，いまもって，塩分が海底土における強度発現の確かな原因であるという証拠は見つかっていない。

一方，カナダの鋭敏粘土では塩分の影響がほとんど見られない。そのために非晶質が土粒子をこう着しているとの仮説に立って研究がなされたことがある。しかしながら，これについても確かな証拠は得られなかった。

最近になって，炭酸カルシウムが土粒子に強くこう着しているとの証拠が多くの土に対して得られ始めた。なお，海底土や海成土に含まれる炭酸カルシウムは先に述べたコッコリスや有孔虫などの遺がいである。**図4.8**は瀬戸内海の海底粘土に対して得たデータの一例である。炭酸カルシウム含有量の鉛直分布が土の強さの鉛直分布と非常によく似ていることがわかる。東京湾や大阪湾の堆積粘土に対しても，図と同程度の相関を示すデータが得られている。

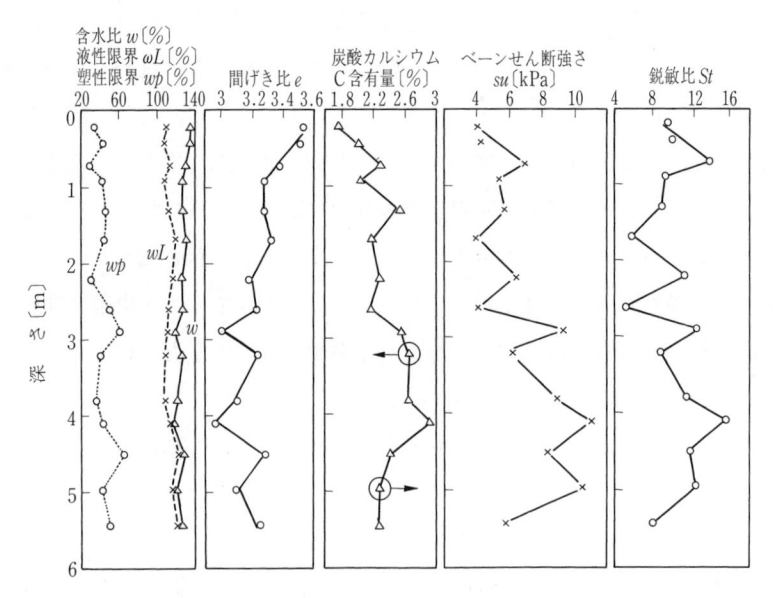

図4.8　瀬戸内海堆積物の炭酸カルシウム含有量とせん断強さの深さ分布

千葉県佐倉市の成田砂層においても，炭酸カルシウムがセメント物質となって砂粒子のセメンテーションを引き起こしているという結果が得られている（図4.9）。ここでは，炭酸カルシウムを約25％含む固結砂層が，未固結の砂層（炭酸カルシウム1％以下）の間に形成されている。固結層から採取した岩の圧縮強さは約19 MPa（200 kgf/cm²）であった。この事実は，炭酸カルシウムのこう着作用によって砂が砂岩となったことを示すものと思われる。このほか，東京湾や浦安市沖の海底粘土について海底から約40 mの深さの試料について調べた結果，炭酸カルシウムが1％増えると圧縮強さが約64 kPa（0.66 kgf/cm²）増えることが報告されている。

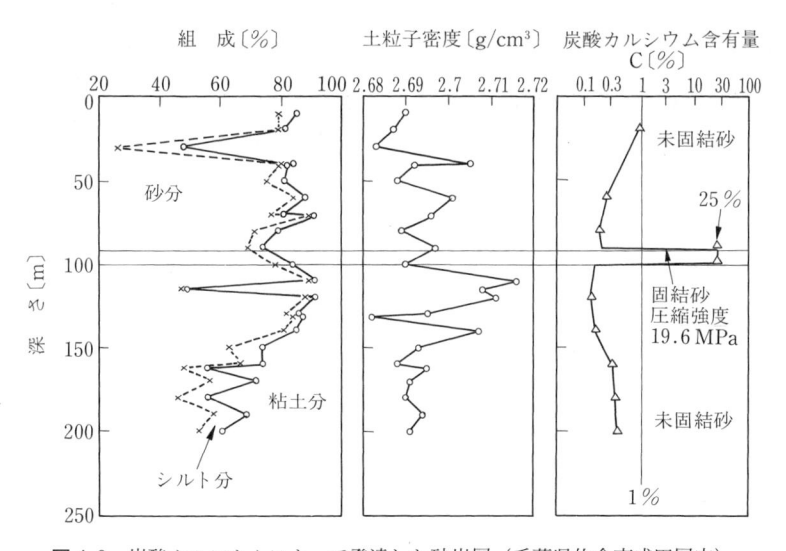

図4.9 炭酸カルシウムによって発達した砂岩層（千葉県佐倉市成田層内）

炭酸カルシウムが土粒子にこう着するメカニズムはまだよくわかっていないが，粒子間接触部における溶解-再結晶化の際に，接触部で炭酸カルシウムがセメント物質としての役割を果たすものと思われる。自然界には，堆積土中に炭酸カルシウムが分離沈着して塊状となった**ノジュール**が発達していることもある。**図4.10**(a)は，三紀層内で炭酸カルシウムが溶解凝縮した凝灰岩，図(b)は，ベントナイト鉱脈内で発達した炭酸カルシウムのノジュール（団

(a)

(b) (c)

図 4.10 土中における炭酸塩の凝縮

塊),および図(c)は,河口付近の沖積層で発達した炭酸カルシウムのノジュールである。

4.2 低地の建設工学上の問題

4.2.1 低地の構造物と地盤災害

低地に造られる構造物や施設には,ビルや工場などの建築物,道路や鉄道,港湾施設,トンネル,下水道やガス管などの地下埋設物などがある。これらの構造物や施設の建設には,地盤への載荷,地盤の掘削,あるいは土の盛立てなど,地盤工学の中心的な課題が含まれている。そして載荷の場合には地盤沈下や支持力不足,掘削の場合には掘削面の安定や地下水対策などが具体的な問題となる。これら構造物や施設の工事中から供用開始後までの安全性を確保するために,まず地盤調査をし,その結果に基づいて設計が行われる。またその設計に基づいて施工(工事)する。また,施工時には施工管理が厳しく行われ,

安全対策には細心の注意が払われる。そして完成後には構造物の機能が十分に発揮されるための維持管理が行われる。

一方，土木工学のもう一つの大きな役割である自然災害対策としても，低地ならではの問題がある。それらは，地震時の地盤災害（特に砂地盤の液状化），海岸侵食，広域地盤沈下，地下水汚染などである。それらは人口密集地である平野部において深刻な問題であり，環境保全の面でも新たな課題となっている。本節では，このような問題について各項目ごとに述べる。

4.2.2 地盤沈下

地盤沈下には，構造物の荷重によるものと地下水のくみ上げによるものがある。前者は即時沈下と圧密沈下に分かれる。

〔1〕**即時沈下** 構造物や土の自重が荷重として地盤に働くと，地盤を構成する各部分の土要素のそれぞれに弾性変形，あるいは荷重が大きい場合には塑性変形が生じ，それが沈下の原因となる。この沈下は荷重の作用とともに即時的に起こるので即時沈下と呼ばれる。荷重が小さくて弾性沈下にとどまっているかぎりは，沈下はおもに構造物の直下とごく狭い周辺に生じ，問題とはならない。しかし，荷重が大きくて地盤が塑性流動するようになると，周辺地盤が持ち上がったり，側方に大きく流動するようになり，近接構造物に被害を与えることがある。したがって，構造物自体に損傷を与えない範囲内の即時沈下にとどめるように，構造物の設計を行う。

〔2〕**圧密沈下** 地盤に荷重が作用すると，砂層では即時的に水が抜けて即時沈下で収まるが，粘土層では土の中から少しずつ絞り出されるようにゆっくりと遅れて排水が起こる。このような排水に伴って生じる土の体積減少（密度増加）過程を**圧密**と呼ぶ。この排水によって生じる土の体積減少が地表面沈下の原因となる。このような圧密沈下が顕著に起こるのは，主として飽和粘性土である。

圧密沈下には，載荷重に対応するだけの脱水に基づくもの（一次圧密）とその後の長期にわたるクリープによるもの（二次圧密）とがある。一次圧密は荷重が作用したときに発生した間げき水の圧力が間げき水の移動（脱水）によっ

て減少していくときに生じる体積減少の過程である。一方，二次圧密は粒子表面に吸着されている水分子層の粘性変形が大きな原因と考えられている。一次圧密現象は，**ダルシーの法則**を用いた**圧密理論**によってうまく表現できるが，二次圧密についてはまだよくわかっていないことが多い。

　平野部において大きな圧密沈下が起こるかどうかは，厚い粘性土層が存在するかどうかによってほぼ決まる。粘土層が厚ければ厚いほど，また作用する荷重が大きければ大きいほど，圧密沈下量はより大きい。なお，構造物荷重が場所的に不均一であったり，圧密層の性質が一様でない場合には，構造物の沈下量が場所的に異なる。このような沈下を**不同沈下**または**不等沈下**と呼ぶ。多くの観光客を集めているイタリアのピサの斜塔は，建設当時から不同沈下が起こっていたために古くから有名であり，放置しておくとこれ以上，不同沈下が進んで転倒する恐れが強い。そこでこれ以上の沈下が起こらないように，種々の対策工事が継続的に行われている。

　圧密沈下による構造物の損傷を予防する対策として種々の工法が考案され，現実に適用されている。工事前に粘土層の圧密を促進させておく圧密促進工法を用いるか，地盤改良によって地盤を硬化させるか，あるいは杭基礎など粘土層の強さに期待しない形の基礎を選ぶ。圧密促進工法では鉛直砂杭などを圧密層に打設する。地盤改良としては，セメントや石灰を混ぜることによる土の化学的硬化に期待する方法がおもに使われる。

　圧密沈下が起こるような地盤に杭基礎を用いる場合，**図 4.11** に示すように，地盤沈下は杭を下向きに押し下げるような力を杭周面に伝達する。このような力を**負の周面摩擦**と呼ぶ。負の周面摩擦は柱が本来支えなければならない構造物の荷重以上の過剰な力を杭に負わせることになるので注意が必要である。また，周辺地盤が圧密沈下することによって，見かけ上構造物が地表面から浮き上がったように見えることがある（**図 4.12**）。

　関西国際空港は，水深約 18 m の海底地盤上に造った約 511 ha の**埋立人工島**に建設された。この人工島建設では，これまでに海底地盤が約 13 m 近く沈下している。厚さ約 20 m の沖積層だけでなく，それまで無視できると思われて

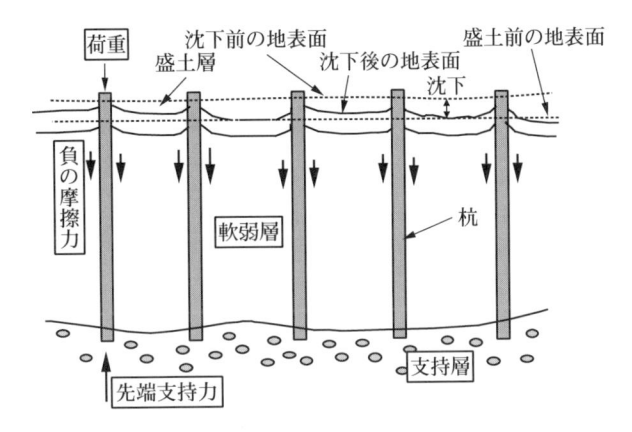

図 4.11　杭に作用する負の摩擦力の概念図

図 4.12　周辺地盤の圧密沈下によって生じた見かけの浮上がり現象

いた洪積層の圧密沈下も起こっている。沈下は現在も続いているが，沈下速度は徐々に減少している。地盤沈下に伴う空港ターミナル棟の不同沈下は，ジャッキアップによって対応している。

〔3〕 **地下水くみ上げによる地盤沈下**　わが国では 1960 年代まで主として工業用水に地下水を用いてきた。地下水をくみ上げることによって，特に関東平野，大阪平野，濃尾平野などでは広域地盤沈下が起こった（図 4.13）。また，地下水のくみ上げによって，地下水位が低下し，池の水位が下がったり，井戸が枯渇した場合もある。最近では，地下水のくみ上げを法的に規制するこ

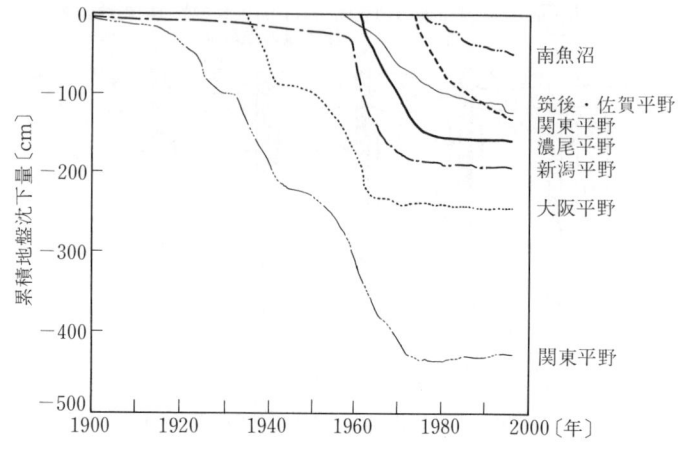

図 4.13 地下水くみ上げによる広域地盤沈下の例
（環境白書平成 10 年版各論より）

とによって，広域地盤沈下を抑制している．しかし，地下水位が回復したために新たな問題を生じた場合もある．

4.2.3 地盤の支持力

地盤に大きな荷重が作用し，地盤がそれに耐えきれないと地盤破壊が起こる（図 4.14）．一般に地盤の破壊は地盤内部に形成されるすべり面に沿って生じる．このような形のすべりは，すべり面に沿う**せん断応力**が地盤の持つ**せん断強さ**を超えると起こるので，**せん断破壊面**とも呼ばれる．地盤が破壊する極限状態における荷重の大きさは，**極限支持力**として**支持力理論**によって求められ，それに基づく**支持力公式**が構造物の基礎の設計などに用いられている．た

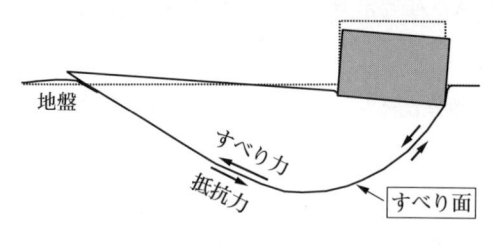

図 4.14 地盤のせん断すべりの概念図

極限状態：すべり力＝抵抗力

だし，実際の設計では，支持力公式で求まる極限支持力値を安全率（>1）で除した許容支持力値が用いられ，N値や地盤の強度定数が入力値として用いられる．

4.2.4 掘削面の安定

地盤を掘削すると周辺地盤は不安定になる．例えば，砂浜で鉛直壁面を持つ穴を掘るのが無理であるように，ビルの地下室を造るために行う地盤掘削においても，崩れようとする地盤を鉄板やコンクリートで壁を造って支えないかぎり，鉛直掘削を安全に行うことは困難である．もちろん，粘土のように粒子どうしがくっついている場合には，支えなしである程度の深さまでの鉛直面は保持できる．しかしながら，限界を超えたより深い掘削を進めるなら，結局は地盤の破壊を招き，掘削面は崩れてしまう．トンネル工事においても，基本的にはこれと同様の問題が生じる．

地盤工学では，このような問題を**土圧**という概念で捉えている．**図4.15**に示すように，重力に基づく地盤のせん断破壊に伴ってくさび形土塊が掘削側に動くときに壁面に作用する力を土圧と呼ぶ．この土圧に対抗して地盤を動かないように支える壁構造物を擁壁あるいは土留め壁という．

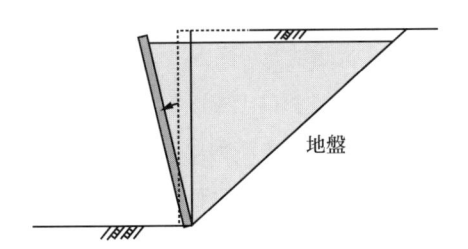

図 4.15　土圧の概念図

4.2.5 掘削時の地下水対策

平野部のように，地下水位が高いところでは，地盤の掘削によって地下水が掘削域に浸出してくる．掘削地盤内で安全快適に工事を行うには，地下水がたまらないようにする必要がある．多くの場合，掘削底部からポンプによって水をくみ上げる方法が採られる．しかし，この場合には，**図4.16**に示すように掘削底面に向かう深部から水の流れが生じ，その浸透力によって掘削底部が不

図4.16　地下水圧と浸透力

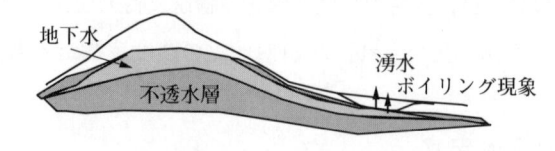

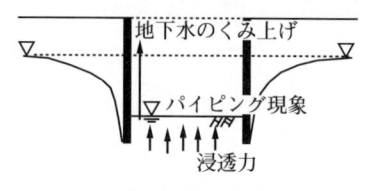

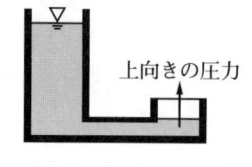

(a) 被圧地下水と湧水
(b) 地盤掘削に伴う地下水変動とパイピング
(c) 透水力（浸透力）の概念

安定となる。この浸透力が過度に大きい場合には，掘削底部の土が噴き上げられるような現象が起こる。この現象を**クイックサンド現象**あるいは**ボイリング**と呼ぶ。地盤掘削時にはこのような現象を起こさない配慮が必要となる。

4.2.6 側方流動

　後背湿地やおぼれ谷などにおいて非常に軟弱な土層が地表面近くに存在している場合，その上に盛土体などを建設すると，周辺地盤に大きな変形が生じることがある（**図4.17**）。それはおもに周辺地盤が側方に流動することによるもので，側方流動と呼ばれる。このような地盤に土を盛ると，わずか数日間で盛土が地盤の中に沈んでしまうこともある。側方流動による構造物の沈下は建設に伴ってすぐに生じるもので，その後に長期的に生じる圧密沈下とは区別される。

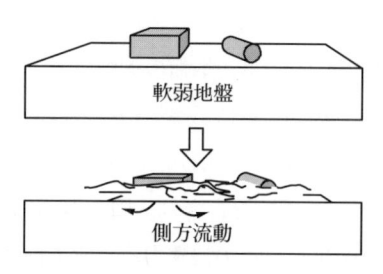

図4.17　側方流動による沈下の概念図

4.2 低地の建設工学上の問題　　**67**

4.2.7　地盤の液状化

地震などによって地盤が振動を受けると，土の骨格構造が壊れ地盤が液状化することがある。これを地盤の**液状化**と呼ぶ。液状化のメカニズムは，理論的にも実験的にもよくわかっている。液状化しやすい土の粒径はシルト〜小礫の範囲で，粘性土はほとんど液状化しない。特に液状化しやすい土は，緩い状態にある細砂である。特に，自然堤防が存在する地域，細かい砂が堆積していて地下水位が高い平野部，また砂で水域を埋め立てた造成地は液状化しやすい。

液状化の過程で蓄積される過剰な間げき水圧によって噴砂の起こることがある。液状化そのものと噴砂現象は混同されやすいが，基本的に両者は異なる現象である。噴砂が起こっていないからといって必ずしも液状化が起こっていないということにはならない。

図 4.18 は 1995 年の兵庫県南部地震の際に神戸市ポートアイランドで発生した噴砂の跡である。

図 4.18　液状化によって生じた噴砂（兵庫県南部地震，ポートアイランド）

4.2.8　海　岸　侵　食

これまで堆積過程にあった海岸の多くで侵食が起きている。静岡市久能海岸では約 20 年間に幅約 70 m の砂浜が消えた。また，砂浜がなくなったことで台風時に海岸道路が決壊したこともある。現在は，海岸道路を陸側に移し，防波ブロックで護岸している（**図 4.19**）。このような海岸侵食は，基本的には河

図 4.19 護岸ブロックと離岸堤

口からの土砂排出量が減少したために起きたものであり，山岳地での大規模な崩壊が少なくなったことや貯水ダムおよび砂防ダムが建設されたことなどが原因と考えられる．このため，1998年になって，国はダムに堆積した土砂を下流に移し，河口からの土砂排出量を増加させることを試験的に始めた．また，多くの海岸で離岸堤を建設して，海岸への土砂沈着量を増加させている．

外洋に面した海岸において，防波ブロックや離岸堤が沈降したり移動する現象が認められている．この原因を砂が徐々に移動する漂砂に求める説と，波によって起こる海底地盤の液状化現象を原因とする二つの説がある．

4.3 地層および土層の調査
4.3.1 低地の地盤調査

低地における地層や土層の判別は，主として地表付近の沖積層とその下層に存在する洪積層について行うことが多い．低地では沖積層と洪積層が厚く，土木構造物を築造する際にそれらが最も重要となるからである．また，地盤工学では，それぞれの層について，砂とか粘土といった土層区分が必要とされる．このような情報は，構造物を造るうえでの地層や土層の判定に必要不可欠である．

洪積層が形成された時代と沖積層が形成された時代の間には時間的ギャップがある．これは，最終氷期以前の洪積層の形成作用の終わりと，その後の沖積層の形成開始までの間に時間を要したことによる．この間は，むしろ洪積層が

4.3 地層および土層の調査

侵食された時代であり，多くの場所で洪積層の軟らかい表面部が侵食され，露出した新たな地表面はやや硬い状態のものとなった．その後にその上に堆積した層が沖積層である．このため，沖積層と洪積層では，一般にその硬さや力学的性質に大きな違いが認められる．また，沖積層が形成された初期に海岸であった地点では，沖積層の下部に沖積砂層が堆積している．

地層の判別や同定のために，これまで述べた種々の年代測定によって絶対年代を求める方法や鍵層を用いる方法が利用される．これらの方法では，ボーリングなどによって土試料を採取する必要があるが，近隣の既知の地層分布図やボーリング資料などを利用して，新たに行う地盤探査の結果から地層を判別する方法もある．

地盤探査とは，物理探査などのように地盤中に電気や音波を流してその伝播特性や伝播速度から地層や土層を区別したり，あるいはコーンなどを地盤に貫入して地盤の硬さや土質を判別する（サウンディング）ことをいう．これらの結果を既知の地層と対比することによって，地層や土層を同定することが可能である．これらの地盤調査で十分な情報が得られない場合には，採取した土試料について目的に応じた土質試験を行う．**表 4.4** におもな地盤調査方法の種類を示す．

沖積層が厚く堆積しているところでは，埋没谷が存在していることが少なくない．したがって，ボーリング地点が離れている場合には，その区間において

表 4.4 地盤調査方法の種類

	調査方法の名称	調査項目など
物理探査	弾性波探査	地盤の弾性波の伝播速度を求め，それより岩質などの推定
	電気検層	地盤の比抵抗から地盤の層序など
サウンディング	標準貫入試験	N 値（地盤の硬軟）
	スウェーデン式貫入試験	貫入抵抗（地盤の硬軟）
	コーン貫入試験	貫入抵抗（コーン指数）（地盤の硬軟）
	ベーンせん断試験	ベーンせん断強さ
土質試験	室内土質試験各種	採取土について種々の土質試験がある．大きく物理，化学および力学試験に分けられる

埋没谷の有無を確認することが重要である．埋没谷の沖積堆積物は周辺の洪積層より軟らかいから，サウンディング調査による確認が容易である．

第三紀層は洪積層より一つ古い地層である．第三紀層と第四紀層の区分が必要な箇所は，一般には山岳地や山岳地と平野部の境界地域である．このような場所では洪積層や沖積層の厚さが薄く，土木構造物を第三紀層の上に直接造ることになるからである．第三紀層は固結の進んでいない岩層であるが，それでも固結していない洪積層に比べると硬いので，サウンディングによって両者の境界位置を知ることができる．

4.3.2 地盤の表し方

地層の中をさらに土質の違いによって区分し，それを柱状図として表したものを**土質柱状図**と呼ぶ．土質柱状図は，**ボーリング調査**の結果に基づいて描かれる．したがって，土質柱状図をボーリング柱状図と呼ぶこともある．一般には，試料の観察結果に基づいて土質柱状図を描くことが可能であるが，室内において行う粒度試験に基づいて土質を判別・分類するほうが正確な情報が得られる．土質柱状図の例を**図 4.20** に示す．

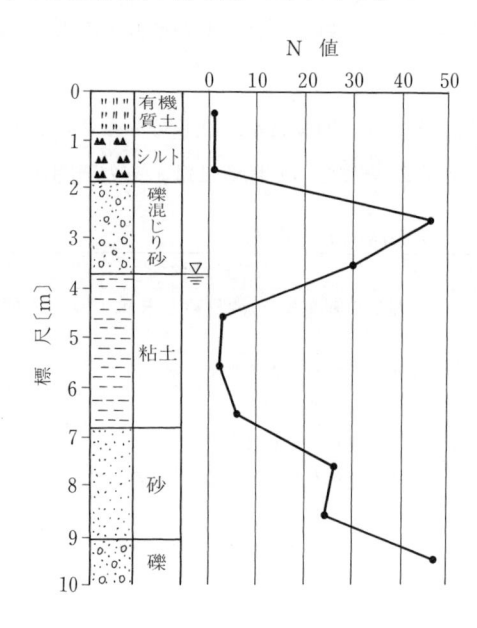

図 4.20　土質柱状図の例

4.3 地層および土層の調査

ボーリング調査と同時にボーリング孔を利用した**標準貫入試験**を行うことが多く，柱状図には標準貫入試験から得られる N 値を図示することが多い。標準貫入試験とは，図 4.21 に示す装置を用いて，63.5 kg のハンマーを 75 cm の高さから自由落下させ，その打撃によって，筒状の**スプリットサンプラー**を 30 cm 貫入させるのに必要な落下回数 N を求める試験である。貫入試験終了後に引き上げたスプリットサンプラーで土が採取されると，多様な土質情報が得られる。

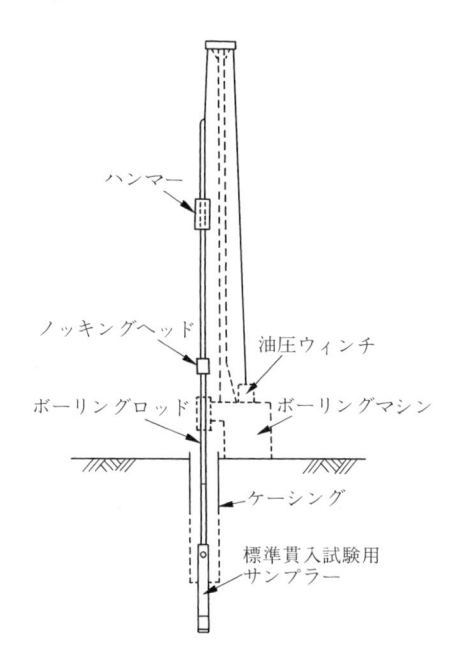

図 4.21 標準貫入試験装置の例

土質柱状図に地質学的検討を加えて各調査地点間の土層分布を推定することが多い。そのようにして描いた断面図を**土層断面図**という。これに対して，地層断面図は地層や岩体の分布を表した断面図をいう。

同じ堆積域において，同じ時代に堆積したものの，海岸からの距離の違いなどによって，堆積物の種類が異なることがある。これを同時異相と呼ぶ。例えば，粘土層が水平方向に徐々にシルト層に変わり，それが砂層に変化する。その逆の場合もある。図 4.22 に示すように同時異相は土質断面図ではジグザグ

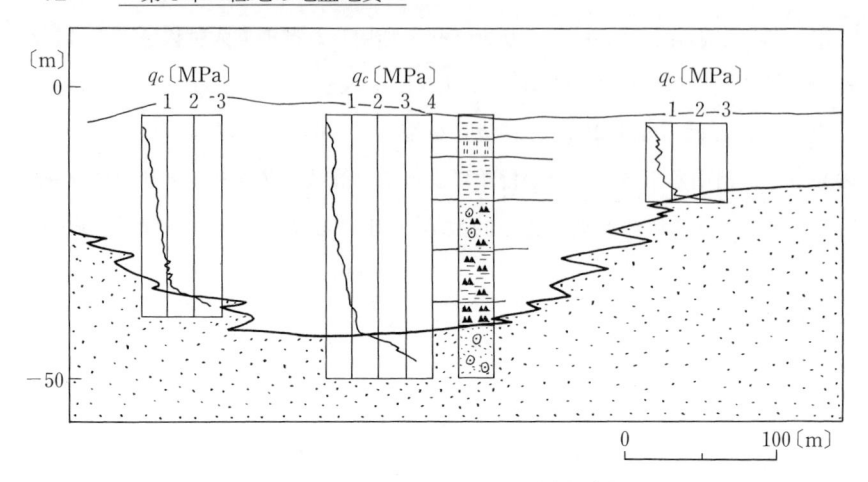

図 4.22 インターフィンガー土層の例

の線で表す。これを**インターフィンガー**（指交）という。ただし，インターフィンガーは実際の土層境界を表しているのではなく，同時異相が起きていることを概念的に示すということを知っておく必要がある。

第5章 台地・丘陵地の地盤地質

5.1 台地・丘陵地の地質

丘陵地はその名のとおりなだらかな丘のことで，新第三紀から第四紀更新世（洪積世）に形成された軟らかい岩層で形成されている。**台地（段丘）**はやや急斜面や崖を持つ丘であるが，固結度のごく弱い軟岩や固結ないし半固結の土層を主体とする。これらは沖積層より地質時代が古く，完新統（沖積層）下に伏在していることも多い。新第三紀から第四紀更新世までのこのような地層が直接観察できるのは，台地や丘陵地の急斜面を形成している崖や谷壁などである。

このような地層は，それらがどのようにして形成されたかによって，以下のとおりに分けられる。

① 海成層
② 湖成層
③ 段丘堆積層
④ 火山成堆積層
⑤ 氷河成堆積層

このうち氷河成堆積層は，更新世氷期に氷河で覆われた北欧や北米地域には広く分布しているが，わが国では高山地帯の一部を除いてほとんど分布していない。

5.1.1 海　成　層

　台地・丘陵地を形成する海成層は，3.3.1項で述べたように，氷河性の海水面変動によって，もともとは海域に堆積したものである。更新世における海水面変動の例を図5.1に示す。

　図から明らかなように，約10万年程度の間隔で氷期（寒冷期）と間氷期

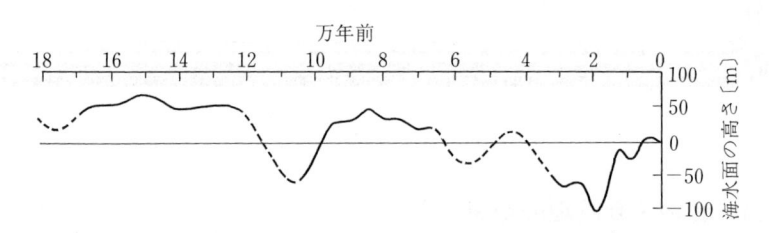

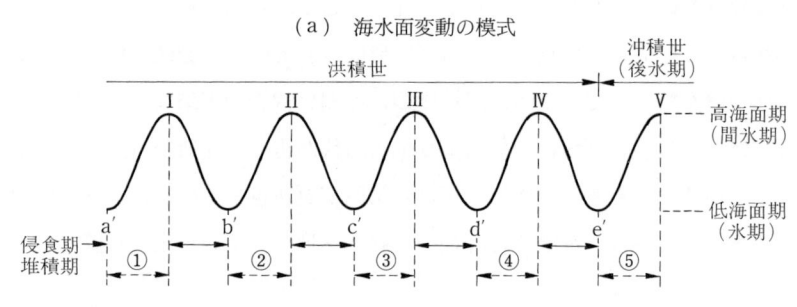

（a）　海水面変動の模式

（b）　海水面の昇降に伴う海成層の堆積と侵食の繰返し

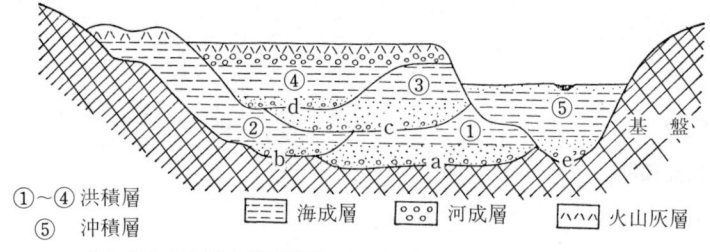

①〜④　洪積層
⑤　沖積層
a〜e　それぞれの氷期の低海面期 a′〜e′ に対応して生じた谷底

（c）　海水面変化の例（下末吉付近）

図5.1　海水面の変動と海成層

（温暖期）が交互に訪れ，氷期には低海水面となり間氷期には高海水面となって，100mを超える範囲で海水面の昇降を繰り返した。その結果，氷期の低海水面期には海岸線は沖合に後退し，陸上部には谷が形成された。ついで間氷期の高海水面期にはその谷に沿って海が侵入しておぼれ谷となり，続いておぼれ谷は堆積物で埋積される。そしてつぎの氷期の訪れとともに低海水面に応じて新しい谷が形成される。

これらの関係は図（b）および（c）に模式的に示されている。各海水面低下期 a′〜e′ に侵食された谷底が a〜e であり，それぞれの谷底直上の砂礫層は陸上堆積の河成層である。その上にのる ①〜⑤ の地層は，おぼれ谷に堆積した海成層である。これら海成層の上部は，おぼれ谷が埋め立てられた後に海浜堆積物や河成堆積物で覆われた。また，それらの地層内には火山から噴出した火山灰が堆積していることがある。

①〜⑤ の各層の境は，新しい谷の形成による侵食面であり，各層の堆積過程に現れる時間的不連続を示す**不整合面**である。不整合面はかなり複雑な様相を示すこともある。

5.1.2 湖 成 層

鮮新世から更新世の時代に，わが国の内陸盆地では各地に湖が存在していた。中でも近畿地方の中央部には，現在の琵琶湖よりはるかに大きい古琵琶湖が存在していた。この湖に堆積した地層が古琵琶湖層群として現在の琵琶湖周辺の丘陵地を形成している。この丘陵地は砂および粘土層より構成されている。

また，現在〇〇盆地と呼ばれる地域には，表層の扇状地砂礫層下に更新世に生成した湖成層が存在していることが多い。

5.1.3 段 丘 堆 積 層

段丘には河成のものと海成のものとがある。河川によって形成された段丘は**河成段丘**と呼ばれ，一般に河川の中流域によく発達している。図 5.2 は，中津川沿いに形成された河成段丘である。右岸側では久保，浅敷戸の集落が位置する低位段丘と半原，中細野の集落が位置する高位段丘が発達する。低位段丘面

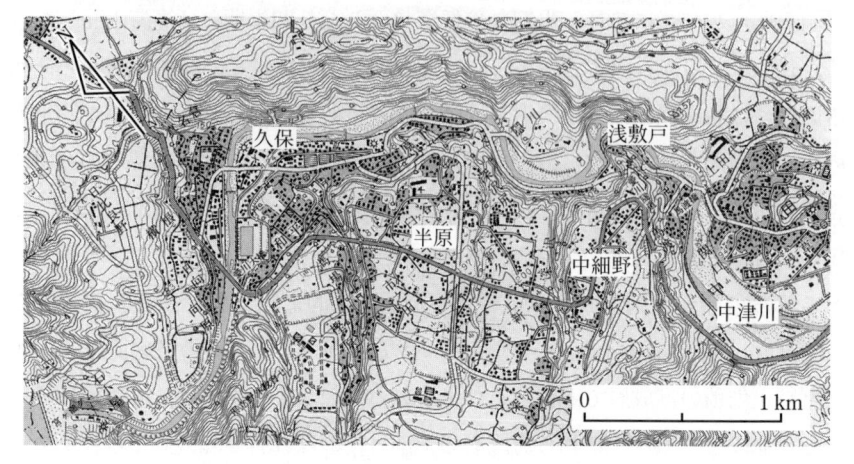

図5.2 河成段丘（国土地理院 1：25 000 地形図 上溝）

は河川に接し，平たん面が明瞭であるのに対し，高位段丘面は緩傾斜であるが山地に近づくにつれて傾斜が比較的急となる。

　この図に示すように，段丘面は現在の河床面より一段高い平たん部で，そこには田畑・集落が存在し，道路や鉄道の要路となっていることが多い。このような段丘面はかつて河床であったところで，その表層部には昔の河床堆積物である砂礫層が分布している。また，その厚さは数～数十mに及ぶことがある。段丘は一段とはかぎらず，数段あることもあり，高いところのものほど，より長い間侵食作用を受けているので，平たん性が失われている。

　各段丘の間や現河床との境界部は，一般に急な崖となっていることから，**段丘崖**と呼ばれる。そこには基盤岩や段丘砂礫層が露出している。基盤岩上の段丘砂礫層は地下水を透しやすく，そこが地下水の通路となって段丘崖で湧出していることが多い（図5.3）。

　関東・甲信越・東北地方など，更新世に火山活動が盛んであった地方では，段丘砂礫上に火山灰層が数～数十mを超える厚さで堆積している。関東地方に堆積している降下火山灰層は過去に富士山や箱根山などから噴出したもので，**関東ローム層**と呼ばれている。一般に，火山の東側には偏西風による降下火山灰層が分布している。これらはその地域の地名をとった名称で信州ロー

5.1 台地・丘陵地の地質　77

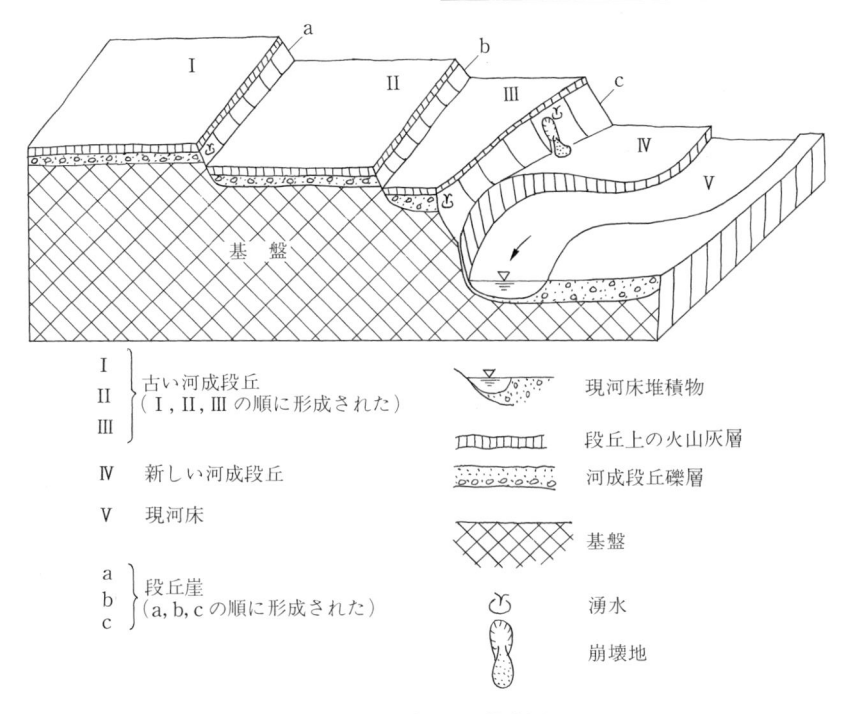

図5.3 の凡例:
- I, II, III： 古い河成段丘（I, II, III の順に形成された）
- IV： 新しい河成段丘
- V： 現河床
- a, b, c： 段丘崖（a, b, c の順に形成された）
- 現河床堆積物
- 段丘上の火山灰層
- 河成段丘礫層
- 基盤
- 湧水
- 崩壊地

図5.3　河成段丘の模式図

ム・岩手ローム層などと呼ばれる。

　河成段丘の形成モデルを図5.4に示す。図の左側は山地で右側は海岸であり，最後の間氷期から最終氷期を経て後氷期に至る期間に変化した海面の高さを1, 2, 3で示している。間氷期と最後の氷期が終わって完新世に入った後の後氷期は，気候もほぼ同じで海面も似た高さにあったとされている。これに対して，氷期には海岸近くでは海面低下の影響で川は下刻した。これが海岸に近い河岸段丘の成因になっている。一方，山間では氷期には凍結・融解により岩屑が生産され，これらは豪雨が少なかったため山間に堆積した。このため氷期の河床縦断面は，間氷期・後氷期の河床縦断面と交叉したようになっている。このような交叉現象は国内のいくつかの河川で知られている。後氷期には温暖化により豪雨が多くなり，氷期に堆積した山間の岩屑を下流へ運搬し，海岸近くの氷期に形成した谷を埋めて海岸平野を形成した。

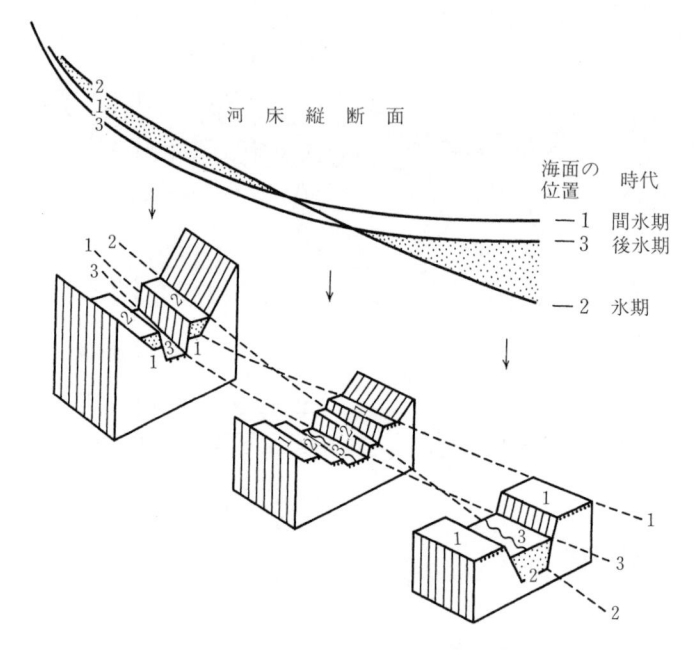

図 5.4 間氷期・氷期・後氷期における河川の堆積・侵食による河成段丘形成のモデル〔貝塚爽平：日本の地形 — 特質と由来 —, p.166 (1977)〕

このように河岸段丘の形成は氷期・間氷期における海水面変動と気候条件の変化に伴う河川の運搬土砂量の変化に基づくものと考えられている。したがって，通常の段丘砂礫層は更新世の堆積物である。段丘堆積層は一般に固結度が弱く，段丘崖や切取り斜面では基盤岩との境界部付近から上部が崩壊しやすい。

海水面の変化により形成された段丘は**海成段丘**と呼ばれる。海成段丘の形成機構は**図 5.5** に示すとおりで，つぎのように説明される。

海水面の位置が長期間ほぼ一定に保たれると，岬などでは波による侵食作用のために緩やかに沖へ傾く平滑な面が形成される。このような平らな面は，**波食台**（海食台ともいう）と呼ばれている。更新世において，海水面が高かった間氷期に，このような波食台が形成され，その後に陸地が上昇して，現在の海岸低地より一段高い位置に平たん面として残る。すなわち，海成段丘が形成さ

5.1 台地・丘陵地の地質　79

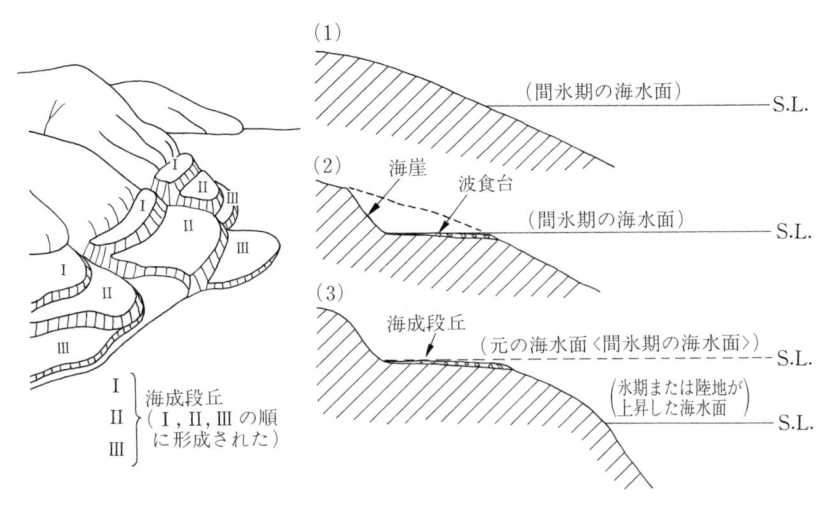

図5.5　海成段丘の形成機構

れる。

図5.6は，複数段からなる海成段丘地域の地形図である。外海府海岸沿いの集落が分布する戸中，戸地，北えびす，姫津，達者，上小川には，海成段丘の平たん面が発達している。その背後は，海成段丘の平たん面を利用した水田となっている。ここにみられるように，古いものほど高位置にあり，侵食作用を受けて平たん性が失われていることがわかる。

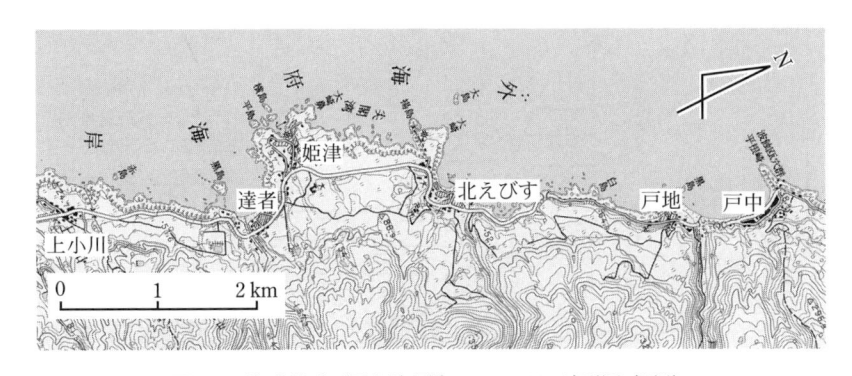

図5.6　海成段丘（国土地理院　1：50 000 地形図　相川）

80　第5章　台地・丘陵地の地盤地質

また，海成段丘には昔の海浜砂礫層が存在することがある。それらのほとんどは更新世のものである。また，火山活動の盛んな地方の海成段丘の表面は，河成段丘の場合と同じように火山灰土で覆われていることが多い。

5.1.4　火山成堆積層

わが国では更新世を通じて火山活動がきわめて活発であった。火山からは火山礫や火山灰が噴出され，礫のように粗粒なものは火口付近に，また細かい灰は偏西風によって東方へ運ばれた。このような噴出物が，特に，北海道や東北・関東甲信越・九州中南部地方の台地や丘陵地に厚く堆積している。

関東地方の台地や丘陵地に堆積している関東ロームは，特徴ある赤褐色の火山灰土層であり，その厚さは数〜数十mに達している。これらの火山灰の起源は，古富士山・箱根山・天城山・榛名山・赤城山など関東周辺の更新世に活動した火山から噴出されたものである。火山活動は更新世を通じて行われたので，古い時代の段丘ほど古い火山灰から新期のものまで厚く堆積している。

一方，新しい低位の段丘では，その段丘が形成されてから以後の新しい火山灰しか堆積していないため層厚が薄い。東京周辺部における関東ローム層は，図5.7に示すように，段丘の名称にあわせて古期のものより**多摩ローム，下末吉ローム，武蔵野ローム**，および**立川ローム**の四つに分けられる。**立川段丘**上では，立川段丘礫層の上に立川ロームのみをのせており，その厚さは2〜3m，**武蔵野段丘**上では立川ロームと武蔵野ローム層をのせ，その厚さは約8

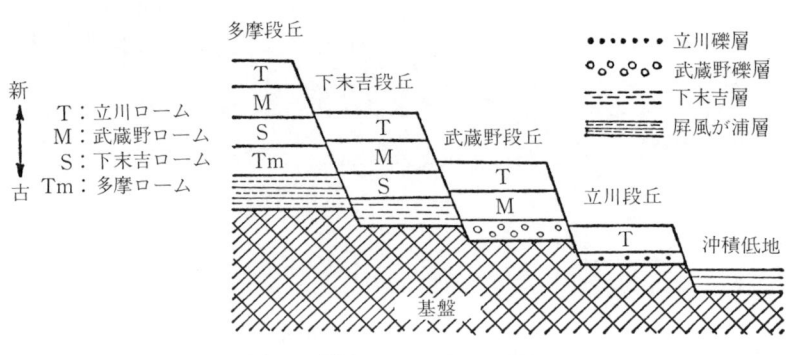

図5.7　関東ロームと段丘の関係

〜10 m，**下末吉段丘**上では立川，武蔵野および下末吉ローム層をのせ，厚さ約 15 m，**多摩丘陵**（侵食されて段丘の平たん面はほとんど失われて丘陵状になっている）では，これらにさらに多摩ローム層を加えて層厚は厚いところで 30 m 以上となっている。

このように，古い段丘ほど多くのローム層をのせている。しかし，古い段丘ほど長く侵食作用を受けているので，平たん地と同様にローム層も侵食されているところが多い。赤褐色のローム層は少なくとも外見上は均質で無層理である。一方，白色系の軽石層や堆積の中断を示す黒色を呈する埋没土層では，縦方向の割れ目が発達しやすく，そのようなところでは，しばしば数 m の高さの垂直な崖を形成している。

北海道・東北・九州では，更新世に**カルデラ**の形成を伴う巨大噴火がしばしば生じた。空中に吹き上げられた火山灰は，密度の高い熱雲となって山麓を流下し，小さい峠を越えて周辺の山麓や凹地を埋めた。その厚さは数十〜数百 m に及び，高温のため内部は再溶融してから冷却固結した。これは**溶結凝灰岩**（welded tuff）と呼ばれ，その中心部は冷却に伴う縦方向の節理を持ち，かなり堅硬である。しかし，下部と表層部は溶結が弱く，かなりがさがさの部分を持つ。

鹿児島湾は**姶良火山**ならびに**阿多火山**の爆裂カルデラ跡である。鹿児島湾を中心とする鹿児島県の大部分と宮崎県の一部には，それらの火山より噴出堆積した火山灰層が厚さ 100 m を超えて堆積し，台地を形成している。このような台地を形成する粗粒な火山噴出物は灰白色を呈しており，また層理はみられない。この火山灰質粗粒土は，わが国の特殊土の一つとして位置づけられ，**しらす**と呼ばれている。しらすは，その粒子どうしのかみ合う力で垂直の切り立った崖を形成しやすいが，流水に対してはそのかみ合いがはずれやすいので浸食に対する抵抗は弱い。したがって，大雨などによって斜面は崩壊しやすく，南九州では過去に何度も土石流災害が起こっている。

同様な火山灰層や軽石層，および溶結凝灰岩層は，東北地方や北海道の火山とカルデラ周辺部にも広く分布している。

5.2 台地・丘陵地における建設工学上の問題
5.2.1 一般的特徴

台地・丘陵地を形成する更新統の一般的な特徴としては，3.3.1項で述べたようにまず氷期・間氷期の繰返しにより海水面が100 m 以上の昇降を繰り返し，それに伴って海退と海進を交互に生じて，間氷期の高海面期に広く海成の洪積層を形成したことである。ついで，海水面の上下と気候変化によって内陸部に河成段丘を形成したことがあげられる。

また，この時代には火山活動が盛んであったこと，その結果として火山噴出物が広範囲に堆積したことが重要である。さらには，地殻変動も活発であったため，山地は一般に隆起し，低地は沈降した。このときの隆起や沈降の速度は1 000 年の間に1 m 程度と見積もられている。この値は年間にしてわずか1 mm であるが，これが100 万年続けば，1 000 m となる。関東平野を初め，各地の平野はこのような沈降域に生じたものであり，また日本アルプスなどの中部山岳地帯は大きく隆起した。その時代には，このような大幅な隆起・沈降のみならず，褶曲や断層活動も活発に起こったと考えられている。8 章で述べる活断層の多くは，この時代に活動を開始し，いまなお続行しているものとみられている。

地殻変動や気候変化に伴って，山崩れや地すべりも更新世の時代に多発したものと考えられ，現在発生している地すべりの多くはこの時代に形成された地すべり地の再活動である二次的・三次的なすべりとみられている。

5.2.2 建設工学上の問題点

〔1〕 過圧密状態の要因　　洪積層は沖積層に比べて，一般に固結度が高く，やや締まった半固結の状態にある。しかし，洪積層が形成された時代は約170 万～2 万年前までのきわめて長い期間であり，地盤の新旧によって軟岩から沖積層とあまり変わらない固結度の低いものまである。

洪積層に属する海成粘土を容器の中に入れ，それまでかかっていた自重程度の上載荷重をのせても，その土はほとんど圧縮しない。このとき，その土は降伏していない状態にある。また，このように現在の上載荷重程度の圧縮力で降

伏しない土は一般に**過圧密粘土**と呼ばれ，その状態を**過圧密**，または**過圧密状態**という。これに対して，沖積粘土層では，一般に現在受けている自重がこれまで受けた最大の荷重であり，そのような土は自重と同程度の荷重で降伏してしまう。このような土は**正規圧密粘土**と呼ばれる。

洪積層の粘土層が過圧密状態になっている原因として，地質学的に考えられる理由にはつぎのようなものがある。

(1) 地盤の隆起または海水面の低下が起こった後，侵食を受けて上載荷重が除去された。

(2) 過去に地下水が一度低下し，土に浮力が働かなくなりその分自重が増大した後，再び地下水が上昇して再度浮力が働いている状態にある。

(3) 地表面を通して地盤の乾燥・蒸発が繰り返し起こり，地盤の状態が変化した。

(4) 土粒子間のセメンテーションが起こった。

(5) 氷期に大陸氷河で覆われ，氷河荷重により粘土層が圧密された後，現在は氷河が消失している。

これらの条件を模式的に示すと**図5.8**のようになる。

〔2〕 **わが国の地層状態**　わが国の**洪積粘土層**が一般的に過圧密の状態にあるのは，図のうち①，②，③，④の条件が単独または重複して作用しているためと思われる。

洪積層が海成粘土である場合，その地盤は更新世の間に1回ないし数回にわたって海水準の変動を経験している。間氷期に海水面下で堆積した粘土層において，粘土層中の間げき水圧は堆積直後には図の②Ｉ)に示すように静水圧分布である。このとき，土粒子間に働く力は水の中で浮力を受けた土粒子重量に等しい。単位面積当りのこの土粒子重量は**有効土被り圧**といわれる。その後，氷期に入り海水面が低下した場合には，海底が陸化し，地下水位も下がるので土粒子には浮力が作用しなくなる。この場合，図の②Ⅱ)に示されるように，空中での土被り圧を受けることになる。また陸化して，侵食により露出した部分は，毛管現象による負の間げき水圧によって③の作用も受ける。そ

第5章 台地・丘陵地の地盤地質

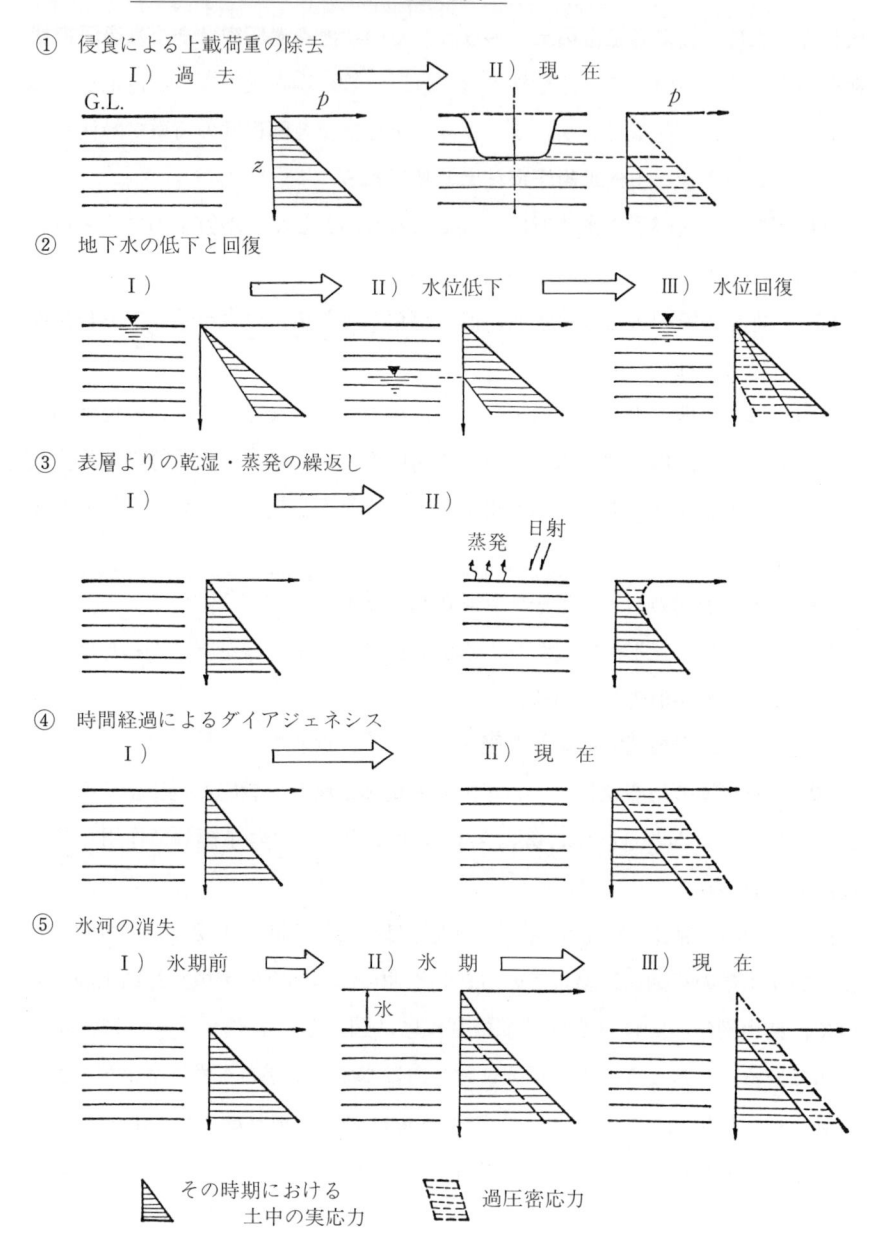

① 侵食による上載荷重の除去
　　Ⅰ）過去　　⇒　　Ⅱ）現在

② 地下水の低下と回復
　　Ⅰ）　⇒　Ⅱ）水位低下　⇒　Ⅲ）水位回復

③ 表層よりの乾湿・蒸発の繰返し
　　Ⅰ）　⇒　Ⅱ）

④ 時間経過によるダイアジェネシス
　　Ⅰ）　⇒　Ⅱ）現在

⑤ 氷河の消失
　　Ⅰ）氷期前　⇒　Ⅱ）氷期　⇒　Ⅲ）現在

その時期における土中の実応力　　過圧密応力

図5.8　過圧密を生じるための地質学的条件

の後の間氷期において海水面が上昇して粘土層が再び水面下になった場合，間げき水圧は再度増大して有効応力は減少する。更新世初期の海成粘土層ほど，このような氷期と間氷期の地下水位昇降に伴う繰返し応力を受けているので，これに経年による続成作用も加わって，過圧密の度合いは一層進行している。

　地盤が地殻変動により上昇し，地下水面下にあった粘土層が地下水面より上となり，再び水面下に沈降した場合は，現象的には上記の海水面昇降による場合とまったく同じである。

　以上のようなことから過圧密状態にある洪積粘土層は，沖積粘土層に比べて固結度が高く，支持力も大きい。したがって，洪積粘土層の圧密沈下量は相対的に小さいと考えるのが普通である。

　なお，土が過圧密となる原因のうち，図の ③ は沖積粘土層の表層でも見られることがある。また，図の ⑤ に示した氷河荷重による過圧密化は，北欧や北米の更新世（洪積世）氷河地域では広く知られているが，氷期に気温が低下しただけで氷河に覆われなかったわが国の粘土層では見られない。

　一方，洪積砂層についていえば，**図 5.9** に示すように堆積年代の古いものほど間げき比は小さく，乾燥密度は大きい。また，沖積砂層が緩詰めで N 値 5〜15 程度のものが多いのに対し，洪積砂層では N 値 30 以上のものが多く，また褐鉄鉱の沈殿により砂粒子どうしが固着してかなりの強度を持つものもある。したがって，洪積砂層や特に洪積砂礫層は一般に良好な支持層である。しかし，砂粒子どうしが接着しておらず単に密に締まっているだけの砂層では，地下水の鉛直上向き流動により容易に湧き出し（ボイリング）現象を生じ，その結果，緩詰めの砂に変わる。したがって，このような砂層は，地下水面下の基礎の掘削や特にトンネル工事において，湧水圧により容易に崩壊することがある。東京郊外多摩丘陵の北部に存在する**稲城砂層**はこの典型的な例である。

　洪積層のいま一つの代表である火山灰土層や軽石層などは，通常の水中堆積層と著しく異なった性質を持ち，土質工学的にも特異な挙動を示す。例えば代表的な更新世火山灰土層である関東ローム層は，見かけによらずその間げき比は 3〜4 と通常の粘土層より大きく，含水比もまた 80〜180％ときわめて高

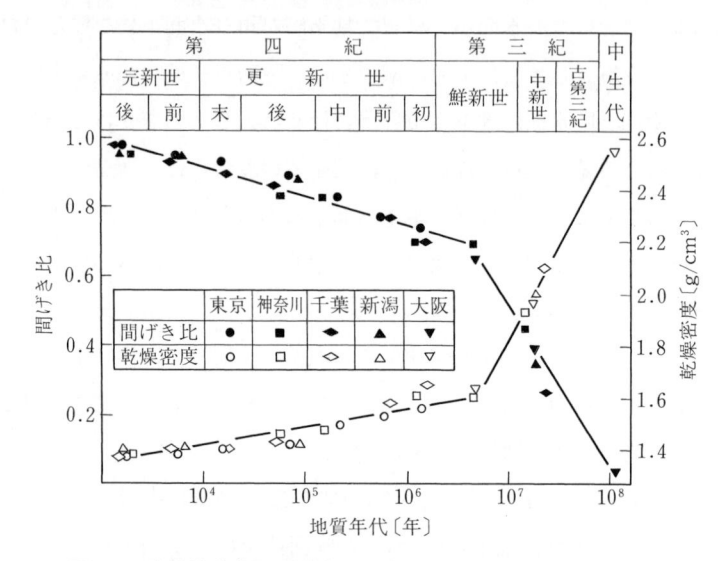

図5.9 砂質堆積物の堆積年代と物理的性質との関係〔陶野郁雄：堆積物の続成作用と力学性状 ― 南関東における第四紀砂層の粒子構造と一軸圧縮特性 ―，地質学雑誌，Vol.81，No. 9，p.552（1975）〕

い。その含水比は液性限界にほぼ等しく，また塑性限界も大きい。土粒子の比重は2.8内外で大きいほうであるにもかかわらず，間げき比が大きいため単位体積重量は13〜14 kN/m³（約1.3〜1.4 tf/m³）に過ぎず，乾燥密度は6〜7 kN/m³（約0.6〜0.7 t/m³）ときわめて小さい。このように間げき比が大きく粗であるにもかかわらずその強度は比較的大きく，圧縮強さは50〜150 kN/m²（約0.5〜1.5 kgf/cm²）であり，圧密降伏応力は200〜400 kN/m²（約2〜4 kgf/cm²）を示し，一般の建築物などに対する許容支持力は100 kN/m²（約10 tf/m²）程度まで期待できる。また，一時的には数〜10 mに近い鉛直切取りが可能である。しかしN値は3〜5が普通で，その強度から推測されるN値に比べるとかなり小さく，かく乱により軟弱化する性質を持っている。

関東ロームは一度崩すと強度を著しく減じるのが高含水比であるために各種建設車両の走行性（トラフィカビリティ）はきわめて悪い。また，締固めが困難であり建設工事上問題の多い土である。さらに，寒冷地では霜柱が立ちやす

く，土層内に氷のレンズが形成されることが知られている．地盤中に氷のレンズが形成されると，地盤表層が持ち上がる．これは**凍上**といわれる．

このような関東ロームの特性は，その特殊な鉱物特性と鉱物-間げき水の相互作用によるところが大きい．関東ロームは，火山から噴き出た石英・長石・かんらん石・輝石・角閃石・鉄鉱物・火山ガラスなどの粒状鉱物をアロフェン，ハロイサイト，加水ハロイサイトなどの粘土鉱物がこう結したものである．このような特殊な骨格構造を有していることと，化学的に土粒子表面に拘束された非自由水が骨格構造の乱れに伴って自由水化することが，関東ロームの土質を特徴づけていると考えられている．ほかの地方における火山灰土や，

表5.1 河成段丘砂礫層と建設工事（鈴木隆介 2000を一部改変）

建設工事	段丘区分	
	砂礫（堆積）	岩石（侵食）
地盤条件	砂礫層／泥質層／地下水面／基盤岩石	段丘面／礫層／地下水面／湧水／段丘崖／基盤岩石
ダ ム	埋没谷からの漏水／埋没谷	水面高の制約
トンネル	落盤・沈下／地下水位の低下	落盤／偏圧
盛 土	崩壊	崩壊
切取り	崩壊／地下水位の低下	落石

火山性堆積物も関東ロームと同様か，それぞれに特殊な土質工学的特性を持つものが多い。

　河成段丘堆積層は未固結であるため，基礎地盤の掘削あるいはトンネル工事において崩壊しやすい。特に，不透水性の基盤岩と河成段丘堆積層の境界付近に地下水が貯留していたり，そこが地下水の流路となっている場合には，掘削工事に伴って段丘砂礫層の崩壊を招くことがあるので注意を要する（**表5.1**）。段丘砂礫層は地下水を通しやすい（透水性が大きい）ため，特にダム建設に当たっては段丘砂礫層の存在とその深さを調べる必要がある。段丘砂礫層中に旧流路が埋没している場合には，ダムの位置選定と地質調査に特段の注意を払う必要がある。

第6章 山地の地盤地質

6.1 山地の地質

　山地は深成岩，古生層・中生層・第三紀層・第三紀以前の比較的古い火山岩で構成されている。一般に，これらの岩石や地層は固結しており，建設工学的な立場からみれば，それらの岩石や地層自体が問題になることは少ない。しかし，これらが風化していたり破砕されている場合，あるいは特殊な変質（温泉

表 6.1　山地における建設工事上問題の多い地形・地質条件（鈴木隆介 1984 を一部改変）

地形・地質条件		地形特徴	地質概要	問題事項
山地	風化土	比較的緩傾斜の山地	岩塊，玉石混じり土砂（まさ土など）	豪雨などによる崩壊性，硬軟不同
	崖錐	急崖下の 30～40° 斜面	未固結，角礫，土砂	斜面クリープ，崩壊性，湧水，漏水
	地すべり	地すべり地形	不均質崩壊土砂，岩塊	クリープ移動，崩壊性
	断層	各種断層地形	破砕岩石，断層粘土	崩壊性，湧水，漏水，活断層のときは地震時相対変位の可能性
	膨張性岩	地すべり地形，ただし伏在しているときは不明	蛇紋岩，変朽安山岩，一部の泥岩	膨張性，土圧
	石灰岩	カルスト地形	石灰岩，テラロッサ，地下空洞	硬軟急変，地下空洞，漏水
火山	火山岩地帯	火山地形，火山侵食地形	火山岩類，未固結火山砂礫，火山灰	地質不均質，多量の地下水伏在，漏水，温泉，変質岩
	火山山麓	火山裾野，火山扇状地	火山砂礫，火山灰層，溶岩流	不均質な地質，未固結土層，高い被圧地下水

変質・熱水変質）を受けている場合には，表6.1に示すような建設工事上の種々の問題を起こしやすい。また，山地において，岩石や地層の形成する地質構造が建設工事に大きく影響を与える場合もある。ここでは，山地において建設工事上大きな問題を生じる，風化土層・崖錐・地すべり地・不整合・膨張性岩・断層などについて説明する。

6.2 風 化 土 層

6.2.1 風 化 作 用

　山地の岩石にはつねに風化作用が働いている。風化作用は一般に物理的なものと化学的なものに分けられるが，実際には両作用は相伴って進行する。風化作用により岩石は岩塊から岩屑へ，さらに風化土へとしだいに細片化されていく。

　物理的風化作用とは，温度変化による岩石・鉱物の収縮膨張の繰返しによる鉱物粒子のかみ合わせの緩み，割れ目に入った水の凍結によるくさび作用などによる岩石の破砕崩壊作用である。**化学的風化作用**とは，大気による造岩鉱物中の鉄マンガン化合物の酸化，地下水に溶け込んでいる炭酸ガスによる鉱物（長石・角閃石・かんらん石など）の**炭酸化作用**，雨水・地下水による**溶解作用**や**水和作用**などであり，硬い造岩鉱物から大気下でより安定していられる鉱物，あるいはコロイド粒子に変化していく分解作用である。

　物理的風化作用は，斜面傾斜が大きく温度変化の激しい高山地帯あるいは砂漠地帯などで活発に行われる。一方，化学的風化作用は雨量の多い高温な地域において著しい。このほか，植物根の進入による岩石の割れ目の拡大，樹液による化学的分解，あるいは耕作・土工などによっても岩石は分解し細片化される。

　山地ではこのような風化作用によって，岩屑や風化土が岩石の表層部において生成しつつある。しかし，造山運動がはげしくて侵食力の大きい急傾斜地では，風化した破砕岩片や土砂は流水などにより取り去られるので，地形的に若い急峻な山地では風化土は少ない。風化土が厚く発達しているのは，一般に造

山力の弱い安定した山地である。

わが国では造山運動がはげしく，山地は一般に急峻で侵食作用が激しいため，風化土が厚く発達していることはまれで，せいぜい数十cmから数m程度の厚さである。一方，新しい時代に造山運動を受けていない安定した大陸では，古い岩層からなる起伏の少ない大平原（堆積してできた平野ではなく，長期の侵食作用の結果，平たんとなった平原）が厚い風化土層で覆われていることが多い。

6.2.2 風化土の生成

風化土の生成の様相は，母岩の性質や地形的・気候的環境の違いに応じて多様だが，一般に岩石の風化作用は大気に面した表面から始まって，しだいに深部に及ぶため，風化部分と未風化母岩の境界は図 6.1 のように漸移的となる。

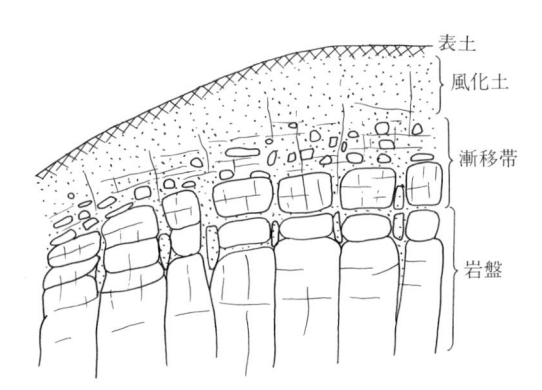

図 6.1 深成岩の風化断面

花崗岩や閃緑岩などの深成岩は，図のような過程で風化される。花崗岩系の風化土は，神戸六甲山付近から瀬戸内海沿岸の中国地方にかけて広く分布しており，**まさ土**，あるいはまさと呼ばれている。この地方におけるまさ土の深さは比較的深く，数十mに及ぶことがしばしばある。この層は，石英砂と陶土化した長石を主成分とし，しばしば風化に取り残された花崗岩の大玉石を含んでいる。まさ土地盤は豪雨に対する侵食に弱く，切取り斜面や山地において崩壊や土石流が発生する恐れがある。深成岩ではない砂岩系の岩石も花崗岩と似た風化を生じるが，規模は小さい。

安山岩・玄武岩などの火山岩類は，粘性に富んだ褐色の風化土を生じる。

粘板岩・泥岩などの粘土系の層状堆積岩類は，岩石の小屑片を含んだ粘土分の多い風化土層を作る。その厚さは比較的薄く，母岩との境界線は直線的である。そのため，この境界面を境にして表層崩壊が発生しやすい。

石灰岩は，炭酸ガスを含む水に溶けるので，おもに化学的風化を受ける。特に，地下水による溶解侵食が進む。そのため，母岩と風化層の境界は明瞭であるが，図6.2に示すように，きわめて凹凸に富み，不規則である。また，秋芳洞のように，地下に空洞を生じていることもある。

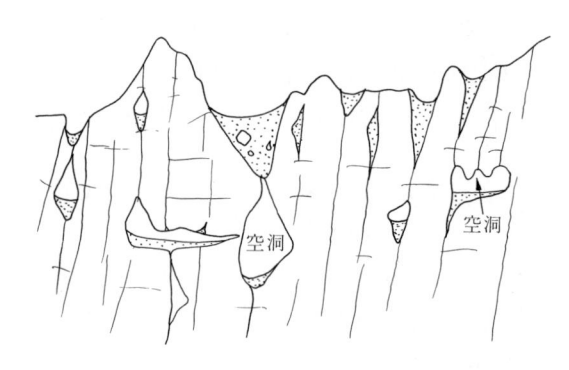

図6.2 石灰岩の風化断面

風化によって石灰分がなくなると鉄・アルミに富む**テラロッサ**と呼ばれる赤色の粘土質風化土を生じる。石灰岩の山地では，岩盤と風化部の境界線が不規則であるから，構造物の基礎，トンネル，ダムなどの建設ではきわめて問題が多い。石灰岩地域は，図6.3に示す特有な**カルスト地形**により，その存在を知ることができる。

風化土の厚い山地斜面は，その安定性に問題のあることが多い。わが国の山地では，河流による谷の侵食作用が著しく，谷壁の急なV字谷が発達する。その山腹斜面は，一般に35〜40°のものが多く，その表層を形成する風化土はすべりに対して極限の状態にある場合が多い。したがって，降雨や地震によって崩壊したり，あるいは斜面下部の侵食や掘削によって斜面表層の崩壊を生じる恐れがある。崩壊に至らなくても，常時下方に向かってゆっくりと動いたり変形している場合もある。

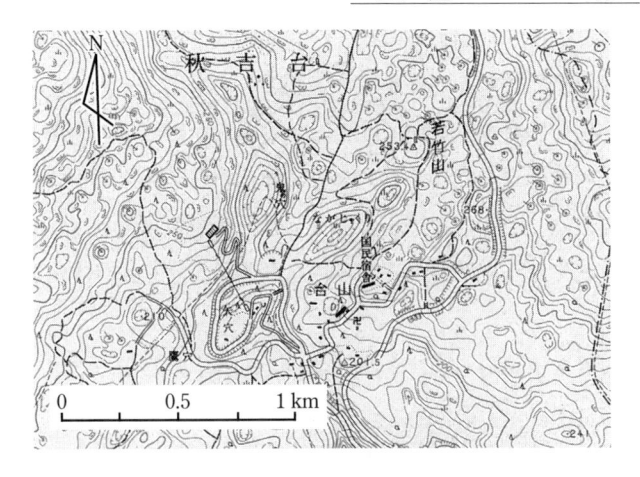

図 6.3　カルスト地形（国土地理院　1：25 000 地形図　秋吉台）

6.3　崖　　　錐

山間部の急な斜面，特に岩盤が露出している急崖の下には，図 6.4 に示されるような**崖錐**(がいすい)が発達していることが多い。このような崖錐は，急斜面の岩盤が物理的な風化作用で緩み，岩石片が崖の下に落下し堆積したものである。

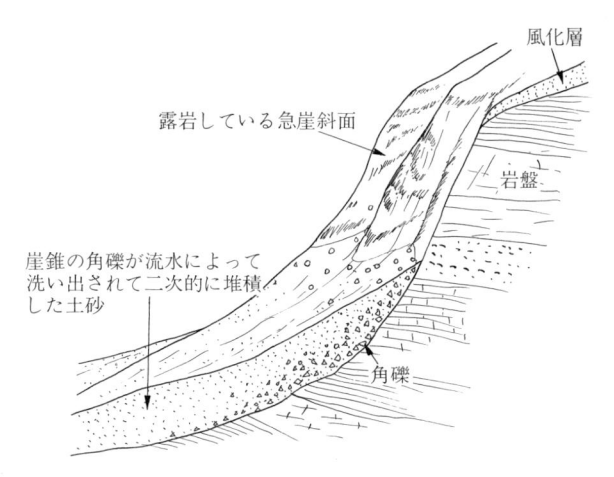

図 6.4　崖錐とその断面

崖錐の斜面は平滑ないし上方にやや凹な傾斜角 30〜40°の半円錐状，または これらが複合した特徴ある地形を示す。崖錐を構成する物質は，斜面上方にある原岩の大小種々の岩塊や岩片・風化土砂である。岩塊は，移動する距離も短くて流水の作用をほとんど受けていないため，その形は角張っており，大きさもいろいろである。上方の崖からは新しい岩屑がつぎつぎと落ちてきて，それぞれが安定したところに堆積するため，崖錐の斜面はそれ自体安定を保っている。

一般に，崖錐堆積物内の空げきは大きいために，崖錐部の水はけは非常によい。その傾向は崖錐の上部にいくほど著しい。崖錐上部は通常地下水に乏しいが，末端の部分からは地下水が浸出していることが多い。

山地斜面の至るところで見られる崖錐は，古いものでは更新世（洪積世）に形成されたものもあり，一応安定を保っている。しかし，下方を河川流水によって侵食されたり，人工的に切り取られた場合には，安定を損ない崩壊することがある。また，表層部が下方に向かってゆっくりと動いている崖錐もあり，トンネルなどの掘削においては崩壊しやすく，また斜面下方に向かう**偏圧**を受けることが多い。さらに，崖錐と岩盤との境界部では湧水があることが多く，トンネルを掘るうえで好ましくない条件となっている。図 6.5 に崖錐とトンネル位置の関係を示した。

常時は流水がなくて降雨時のみ流水を生じるような急勾配の小渓流の出口には，崖錐と扇状地の中間の形態を持った**沖積錐**（土石流堆）が形成される。

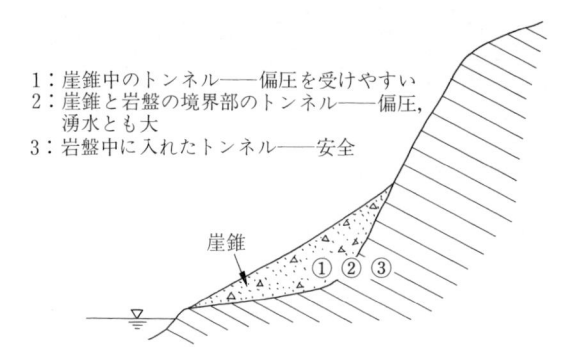

1：崖錐中のトンネル——偏圧を受けやすい
2：崖錐と岩盤の境界部のトンネル——偏圧，湧水とも大
3：岩盤中に入れたトンネル——安全

図 6.5　崖錐とトンネル位置

6.4 地すべり地

　新潟県，長野県北部および静岡県牧ノ原台地は地すべりが多発する地帯である。これらの地域では新第三紀層で地すべりを起こしている。一方，中央構造線に沿う結晶片岩地帯，蛇紋岩の露出地域，ならびに一部の火山岩地域の山地においても地すべりが多い。これらの地すべり地の多くでは，更新世に大規模に生じた山崩れや地すべりの崩土が**地すべり地形**を形成している。現在，活動している地すべりはこれらの再活動が大部分で，現世における初生的なものは比較的少ないといわれている。

　1997年5月秋田県鹿角市八幡平で発生した澄川地すべりは古い地すべり地の再活動であり，**図6.6**に示すように，その周辺には地すべり地形が多数分布している。

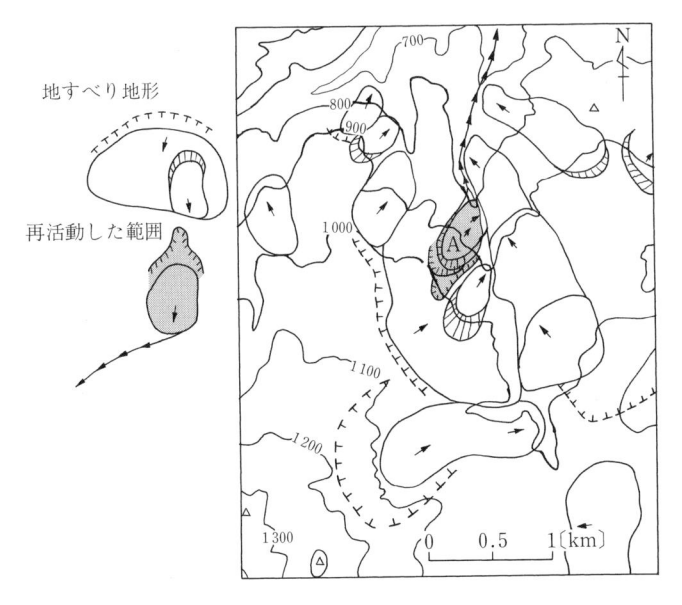

図6.6　澄川地すべりとその周辺の地すべり地形分布図

　図において，澄川地すべりの活動範囲を見ると，Aの箇所になる。Aは地すべり地形の内部に存在していることから，単独で地すべりを生じたものではなく，大規模な地すべりによって形成された移動体の部分的なすべりである。

第6章 山地の地盤地質

このように，澄川地すべりは標高1 100 m付近に滑落崖を持ち，末端部が澄川左岸に達する幅1.8 km，奥行1 kmの大規模地すべり地形の内部に派生した二次地すべりである。

図6.7にわが国における地すべりの分布を示す。最多発地域は新潟県魚沼・頸城地方で，寺泊層（第三紀海成層）と呼ばれる黒色泥岩地帯で多くの地すべりが発生している。

地すべり地形の概念を図6.8に示す。地すべり地形の特徴として，半円形状を呈することが多い上部の急な滑落崖とその下の凹地，不規則な緩傾斜地と末

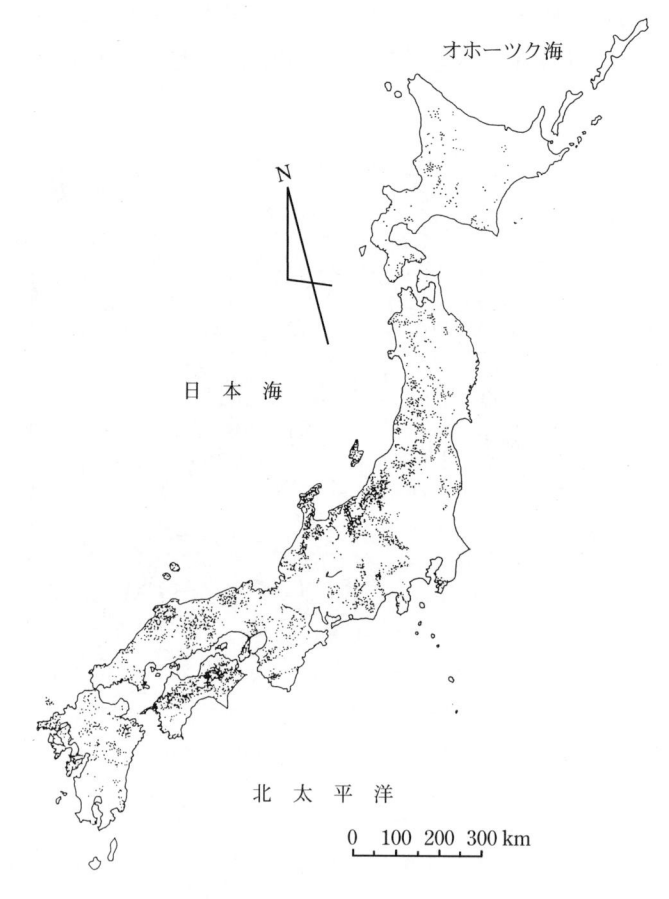

図6.7　日本の地すべり分布（国勢地図帳による）

6.4 地すべり地　97

① 滑落崖（主亀裂）
② 二次亀裂
③ 舌部（舌端部）
④ 冠頂部
⑤ 頂天
⑥ 頭部
⑦ すべり面
⑧ 脚部
⑨ 尖端
⑩ 末端部
⑪ 側面

図 6.8　地すべり地形の模式図

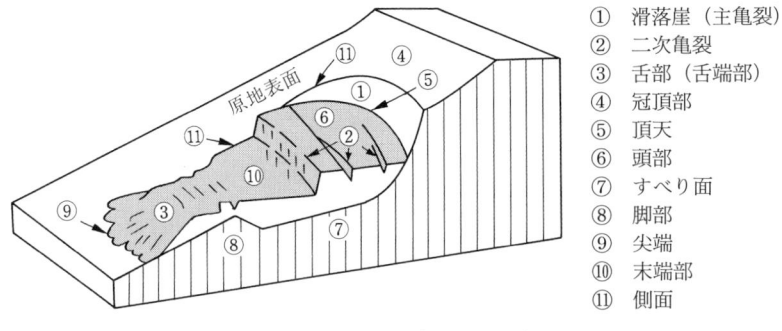

端部の突出があげられる。

図 6.9 に第三紀層地すべり地の典型的な地形図を示す。この図では，滑落崖とその下の緩傾斜地の存在が明らかである。すなわち，コルチナ国際スキー場南東側の急傾斜な馬蹄形斜面（標高 800〜1 000 m）が滑落崖として明瞭である。その下方斜面（標高 800〜740 m）の水田に利用された緩斜面が地すべり頭部〜脚部にあたる。水田の発達状況は滑落崖斜面からの地下水が豊富であることがうかがわれる。姫川左岸の坪山，小土山，土倉，大別当，泥崎の集落は地すべりによってできた緩傾斜地に位置する。その背後の急傾斜面が滑落崖に

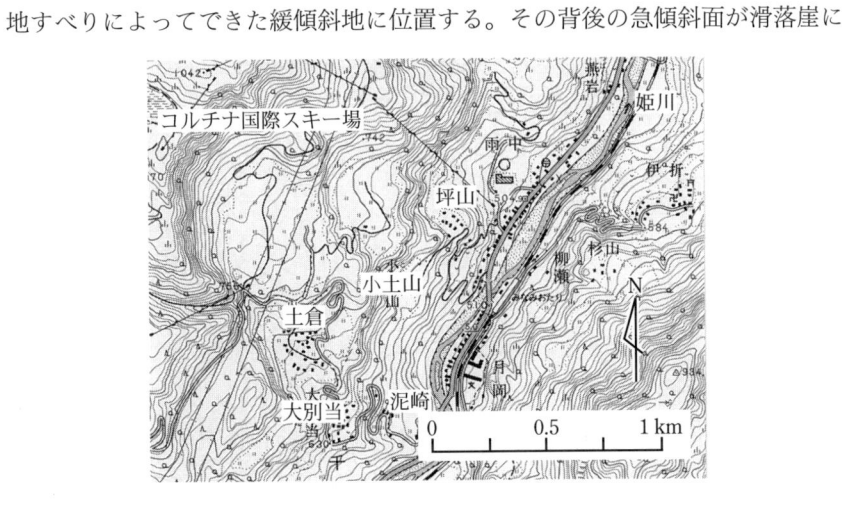

図 6.9　地すべり地形（国土地理院　1：25 000 地形図　雨中）

あたる．小土山集落付近では地すべりの再活動があり，地すべり防止指定区域に指定されている．

　地すべりによって移動した崩土は，地すべり地の岩の種類や地すべり・崩壊の規模と形状によって，角礫質のものから粘土質のものまで，その性状が大きく異なる．一般的には粒径が不ぞろいで成層しておらず，非常に大きな岩塊をしばしば含み，すべり面付近には**地すべり粘土**と呼ばれる粘土質の土が挟まれている．地すべり崩土には新第三紀層地帯に発達する粘土質のもの，結晶片岩地帯の比較的角礫を多く含むもの，膨張性を持つ蛇紋岩の泥質化したもの，および火山噴出物系統のきわめて不均質なものなどがあり，多種多様である．また，滑落崖の下方やすべり面下方には被圧地下水層が存在しているのが通常である．そのために地すべりの発生原因を原岩の性質だけでなく，地下水による高い水圧に求める場合が多い．

　いずれにしても，地すべり地（地すべり崩土）は，建設工事の対象として最も好ましくない地質条件の一つである．したがって，計画地が地すべり地にあることが判明した場合には（多くの場合，地形観察により容易に地すべり地と認定できる），敷地・路線ルートなどを変更してこれを避けることが最良の策である．しかし，地形上あるいは用地の問題などから，やむをえず地すべり地を通過して路線などが建設される場合もある．その場合には，問題を解決するためにいろいろな対策が採られる．

6.5 不　整　合

　生成年代の異なる二つの地層や岩体が，図 6.10 に示されるような関係で接している場合，両者は**不整合**の関係にあるといい，両者の接する面は不整合面と呼ばれる．不整合面はその下にある古い地層（岩体）が地上で侵食されたときに形成された侵食面を示すもので，その上に堆積している新しい地層の形成時期との間に時間的な開きがあり，この間に陸化して侵食されそれに続いて沈降堆積が生じたことを意味している．不整合面上には古い地層から削り取られた礫が新しい地層の基底層として存在し，**基底礫岩層**と呼ばれている．不整合

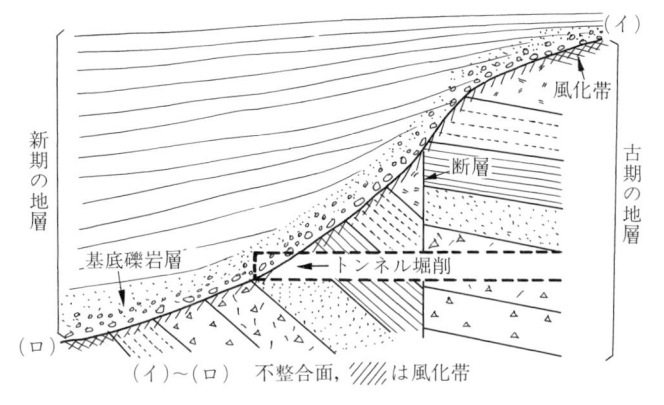

図6.10 不整合と基底礫岩層（トンネル掘削）

面直下の古い地層の表面は，地表で侵食を受けた時期に風化作用を受けたために，割れ目が入ったり軟化していることがある。

不整合面より下方にある古い地層は，固結した地下水を透かしにくい層からなる。一方，不整合面より上方の新しい地層が地下水を貯留しやすい透水性の地層である場合には，基底礫岩層は地下水の通路となり，切取り工事やトンネル掘削ではこの部分から湧水を生じて崩壊しやすい。特に，図6.10に示すように不透水性の古期岩層から基底礫岩層に向けてトンネル掘削を進める場合には，突発的な湧水を伴う危険が大きい。

6.6 膨張性岩

山地を形成する岩石の中には，トンネルの掘削時などに著しい膨張性を示したり，トンネルを内部から支える支保工や覆工に強大な土圧を及ぼすものがある。このような性質を示す岩石は，**蛇紋岩・変朽安山岩・断層粘土・第三紀の緑色凝灰岩**や**泥岩**の一部などがある。

岩石が膨張を生じる原因は昔から多々研究されているが，モンモリロナイトなどの吸水膨張性を持つ鉱物の化学的現象によるものと，軟岩がトンネル掘削による応力解放によって膨張する物理的現象によるものとに大別される。

膨張性を示す岩石や地層が地表面まで連続したところでは，地すべり地帯に

なっていることが多い。しかし，膨張性の地層がほかの層に覆われている場合には，地表面の踏査からではその存在を確認することは難しい。したがって，トンネル掘削に当たっては念入りなボーリング調査などが必要となる。

6.7 断　　　層

6.7.1 断層の定義と種類

断層とは，ある面を境として両側の地層に相対変位が起こることによって生じた地層の食違い部分をいう（**図 6.11**）。断層を生じるのは，地殻営力によって岩盤内に圧縮または引張り，せん断などの応力が働き，それらの耐力の限界を超えて岩盤が破壊することによる。

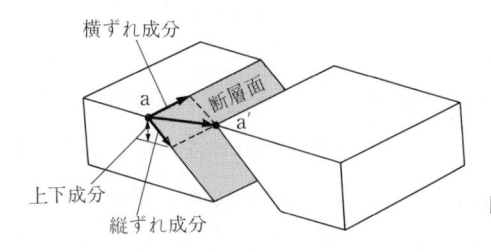

図 6.11　断層の模式図

断層には，断層面を境として両側の地盤が垂直方向に移動する**縦ずれ断層**と，水平方向に移動する**横ずれ断層**があり，さらにこれらは**図 6.12** および **図 6.13** に示すように，**正断層・逆断層・右ずれ断層・左ずれ断層**の四つに区分

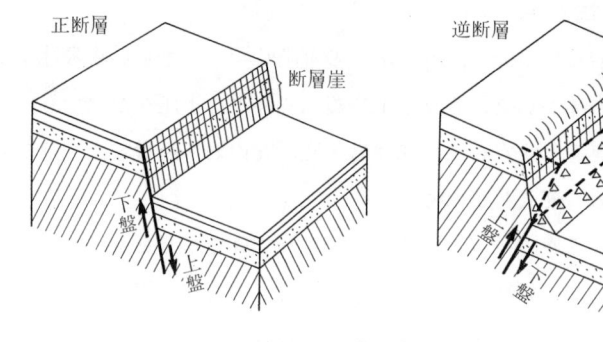

図 6.12　縦 ず れ 断 層

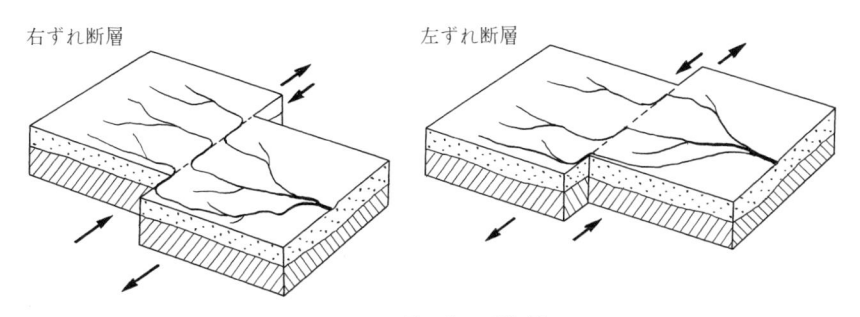

図 6.13　横ずれ断層

される。

6.7.2　断層の地形的な表現

地表面からみれば，断層は断層線を境としてその両側の地盤が相対移動しているのであるから，断層線に沿う地層の変位に関係していろいろな地形が形成される。この**断層地形**を表 6.2 と図 6.14 および図 6.15 に示す。このうち表 6.2 の①，②，③ および図 6.14 に示すものは**縦ずれ断層**によって生じる地形であり，表 6.2 の④ および図 6.15 は**横ずれ断層**によって生じる地形である。これらはいずれも岩盤の断層運動による変位が地形に現れたものであり，比較的新しい断層活動によってもたらされたものである。すなわち，このような断層地形が明瞭に認められる場合は，比較的最近になって断層活動が行われたことの証拠であり，後述の活断層であることが多い。

一方，古い地質時代に形成されて現在は活動していない断層もある。そのよ

表 6.2　断層変位地形のおもな用語と分類〔岡田篤正：建設計画と地形・地質，p.77，土質工学会（1984）〕

①	断層崖地形(変動崖)	断層崖(D)，撓曲崖(A)，低断層崖(B)，三角末端面*(C)，逆向き低断層崖(E)
②	断層凹地形(変動凹地)	断層谷，地溝，小地溝(G)，断層凹地，断層陥没池(H)，断層池*(I)，断層鞍部(J)，断層角盆地
③	断層凸地形(変動凸地)	地塁，半地塁，小地塁，ふくらみ*(F)，断層地塊(山地)，傾動地塊(山地)，圧縮地塁，断層分離丘(P)
④	横ずれ地形	横ずれ尾根(K)，横ずれ谷(L)，閉塞丘(M)，段丘崖の食違い(N)，山麓線の食違い(O)

*印の地形は他の原因でも形成されるので，必ずしも断層変位地形とは限らない

102　　第6章　山地の地盤地質

A：撓曲崖
B：低断層崖
C：三角末端面
D：断層崖
E：逆向き低断層崖
F：ふくらみ
G：小地溝

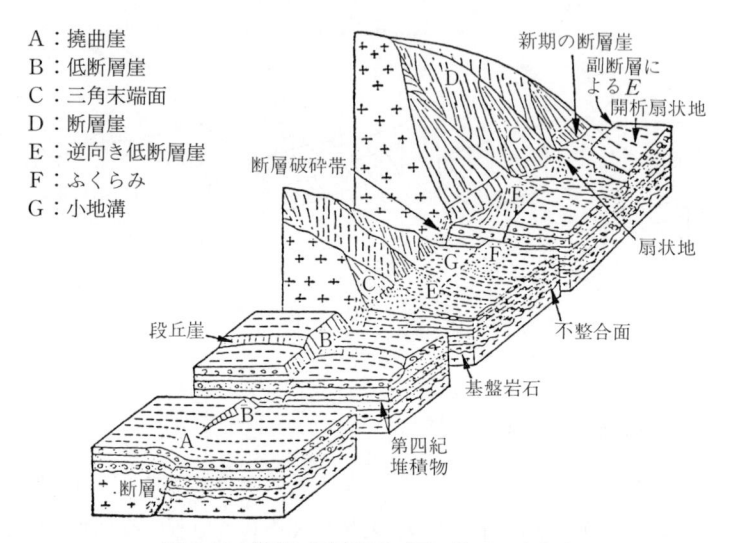

図 6.14　縦ずれ断層地形〔岡田篤正：建設計画と地形・地質，p.97，土質工学会（1984）〕

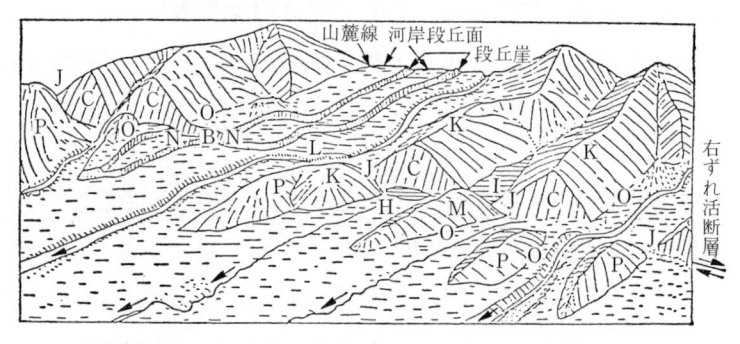

B：低断層崖　　　C：三角末端面　　H：断層陥没地
I：断層池　　　　J：断層あん（鞍）部　K：横ずれ尾根
L：横ずれ谷　　　M：閉そく（塞）丘　N：段丘崖の食違い
O：山麓線の食違い　P：断層分離丘

図 6.15　横ずれ（右ずれ）断層地形〔岡田篤正：建設計画と地形・地質，p.98，土質工学会（1984）〕

うな場所では断層に沿う岩石の破砕や両側地盤の硬軟や侵食抵抗の差などにより，直線的な**断層線谷**（**図 6.16**）や**断層線崖**（**図 6.17**）が形成されやすい。したがって，このような地形的特徴から古い断層の存在を知ることができる。

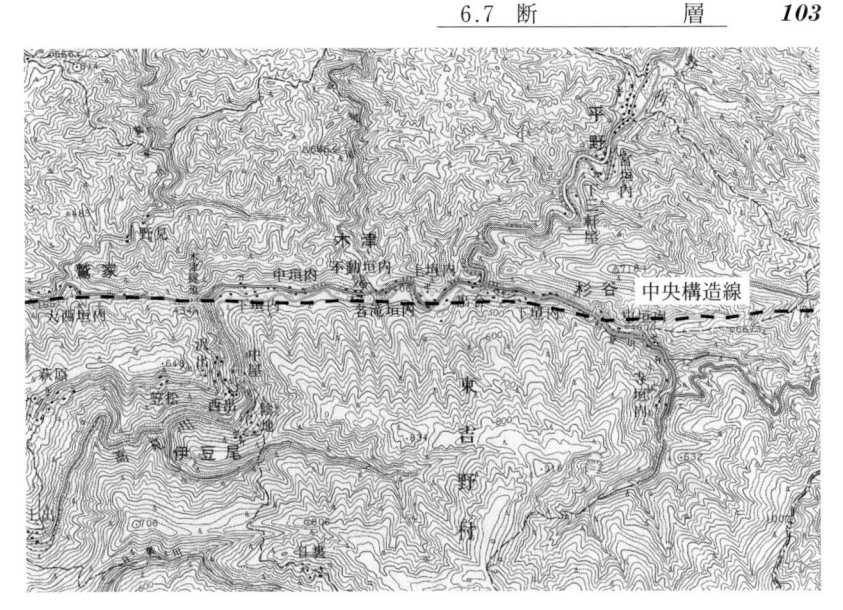

figure 6.16 断層線谷（国土地理院　1：50 000 地形図　高見山）

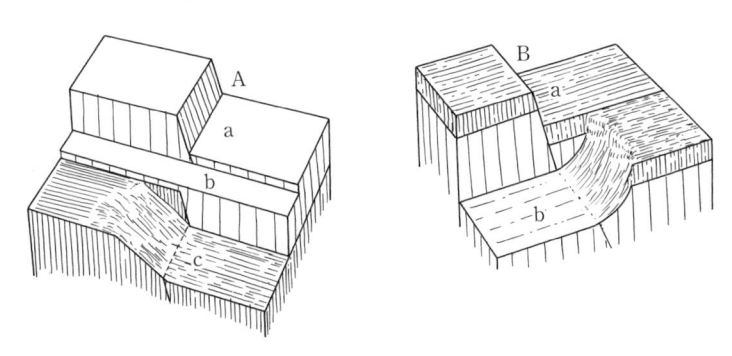

A-a：断層崖の形成　b：浸食による平たん化　c：再従断層崖の形成
B-a：断層崖の形成　b：隆起側の浸食低下による逆従断層崖の形成

図 6.17　断層線崖の形成過程（cotton 1958 による）

以上のように，連続性の高い断層の存在は，地形図や空中写真を用いた地形判読によって比較的容易に知ることができる．

6.7.3　工学上よりみた断層の特性

断層の大きさは，きわめて小さいものから巨大なものまで存在する．すなわち，断層面を境とする相対変位が数 cm オーダのものから 1 000 m 以上のも

の，横ずれ断層では数十km以上に達するものまである。中には断層線の長さが数百mから数千kmに達する巨大なものまである。ただし，1回だけの活動によって生じた断層は少なく，多くは数cmから数m程度の変位活動が1000年程度以上の間隔をおいて繰り返し生じて，大きな相対変位となっている。

　岩盤内に一度破砕面が生じると，そこが弱線となり，同一面で繰り返し断層変位が生じる。そのために繰返し破砕によって破砕部分が徐々に広がっていき，図6.18に示すような**断層破砕帯**が形成される。このような破砕帯の幅は数cmのものもあるし，数百mに達するものもある。破砕された岩石は角礫となり，**断層角礫**が形成される。さらに，破砕の程度が進むと，断層面に接する箇所の岩石は擦りつぶされ，**断層粘土**が形成される。断層粘土は厚さ数cm程度のものから数mに及ぶものまで幅広く存在する。変位面に沿ってよく磨かれた平滑な面は，**断層鏡面**と呼ばれる。また，鏡面上には変位した方向に条痕が線状に記されている。また，断層粘土の中には応力解放によって膨張するものもある。

　断層破砕帯には割れ目が多くあり，割れ目の深部は一般に地下水で満たされ

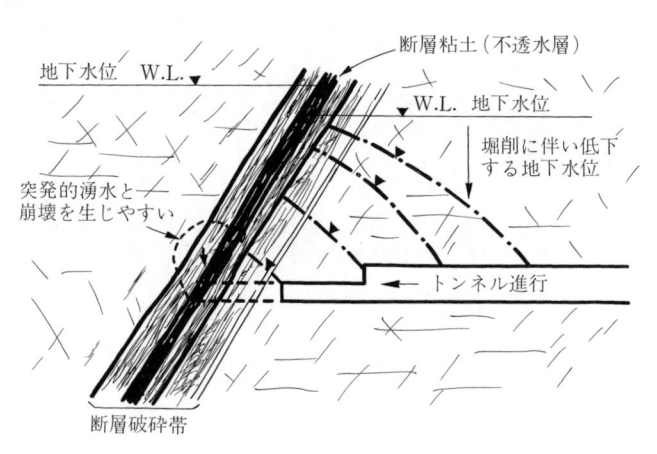

断層粘土を突破するときに突発的湧水とともに崩壊を生じやすい

図6.18　断層とトンネル掘削

ている。そのため，断層破砕帯は帯水帯を形成している。一方，断層粘土は不透水性である。したがって，断層付近の破砕帯は地下水の通路となり，水は断層方向には流れやすいが，断層と直角方向は断層粘土で遮断されているので流れにくい。

　断層付近の岩石には割れ目が多いので，トンネル工事などにおいて崩壊しやすく，湧水を伴うと一層崩壊しやすくなる。図6.18に示すように，掘削側の地下水はトンネル掘進とともに漸次排水されて水圧を減じるが，断層の裏側部分の破砕帯や帯水層中の地下水は断層粘土で遮断されてしまいダムアップされた形となっている。このため，トンネル掘進時には，断層粘土突破と前後して高圧で多量の地下水が噴出するので，破砕帯の大崩壊を生じやすい。これが，トンネル工事で断層が最も恐れられる理由である。

　ダム建設などの際にも，破砕帯は地下水の通路となってダム漏水の原因となるので，トンネル掘削と同様に断層が大きな問題となる。

第7章 火山地帯の地盤地質

7.1 火山地帯の地形と地質
7.1.1 火山の分布

わが国の火山地帯は，図7.1に示されている地域に分布しており，それらのほとんどが第四紀更新世ないし完新世に火山が活動したところである。第三紀以前にも火山活動があったが，それら古い活動による火山はその後の侵食作用によって山体が破壊され，火山としての特徴ある地形的な形態をとどめていない。したがって，このような地域では，火山岩や凝灰岩などの存在で火山活動のあったことが知られるのみである。一方，第四紀以降の活動による火山のほとんどは，火山に特有な形態をとどめているので，その地形を観察することにより火山であることが比較的容易にわかる。

第四紀火山発生の仕組みは，図に示すように太平洋プレートが日本列島の下に沈み込み，100〜150 kmほどの深さで上位のマントルを溶融してマグマを発生させ，このマグマが上昇し火山となっている。火山の分布は，プレート沈み込みの境界に沿って形成されるため伊豆・小笠原，東北日本に列状から帯状に配列している。火山分布域の海溝よりの縁を結んだ線を火山フロント（火山前線）と呼んでいる。火山分布域では火山フロントに近いほど火山分布密度とマグマの噴出量が大きい。プレートの沈み込みが活発であるほど火山活動は活発となる。西南日本ではフィリピン海プレートの沈み込みは深度100 km程度で，マグマの活動はやや不活発となっている。

7.1 火山地帯の地形と地質

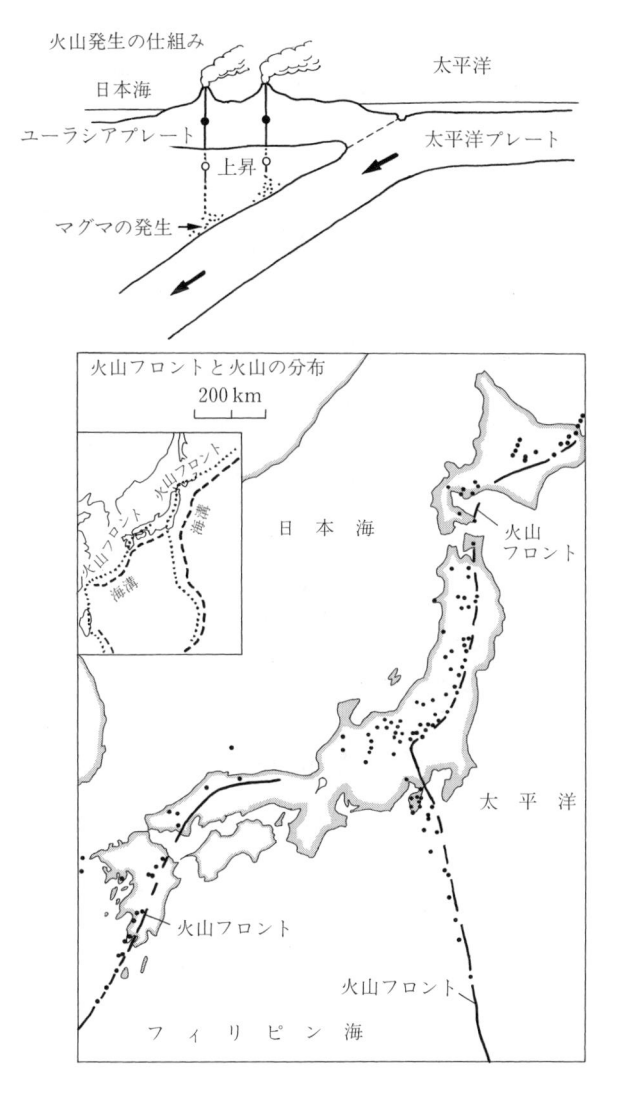

図7.1 日本列島の火山発生の仕組みと第四紀火山分布

7.1.2 火山の形態と地質

火山の代表的な形態は，富士山や浅間山などで代表される**成層火山**と呼ばれるものである。この形態の火山がわが国では最も多く，**図7.2**に示すように基

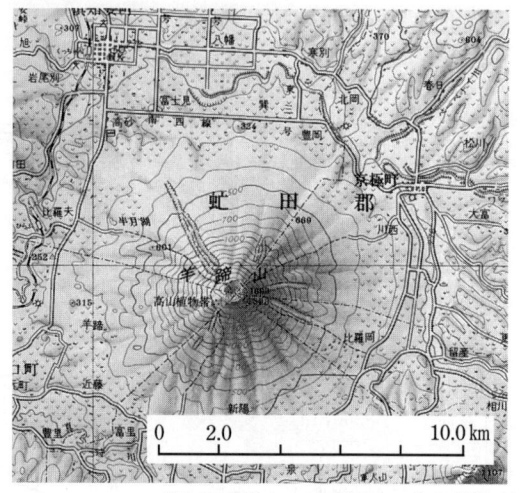

(20.0万「岩内」，成層火山である羊蹄山)

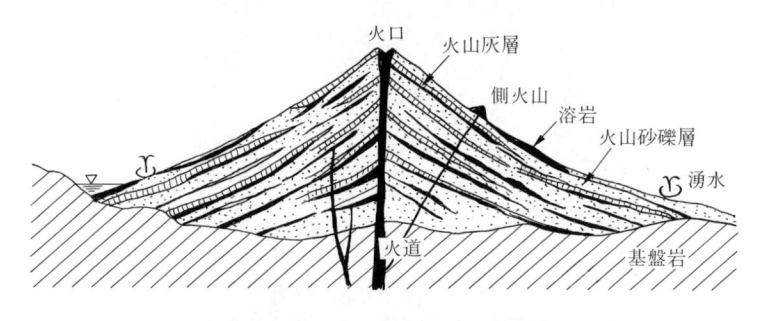

図7.2　成層火山体の内部構造と地下水状態概念図

本的に中央に火口を持ち，噴火の繰返しによる溶岩流と火山砂礫，火山灰などの互層で形成される。

　完新世に活動した火山は，図7.3に示す地形図のように，同心円状の等高線を持つ円錐状の地形をなして広い裾野を持っている。このような地形は火山活動以外に形成されないので，一見して火山と認定できる。これに対して，更新世に活動したものの，現在は活動していない成層火山では，侵食作用や爆裂のため山体の上部がなくなっており，噴火口は不明で，山頂部が数多くの峰に分かれていることが多い。富士山の南側に隣接する愛鷹山や八ヶ岳などはこのよい例であり，その緩傾斜の裾野斜面や放射谷，またそれに続く扇状地の存在な

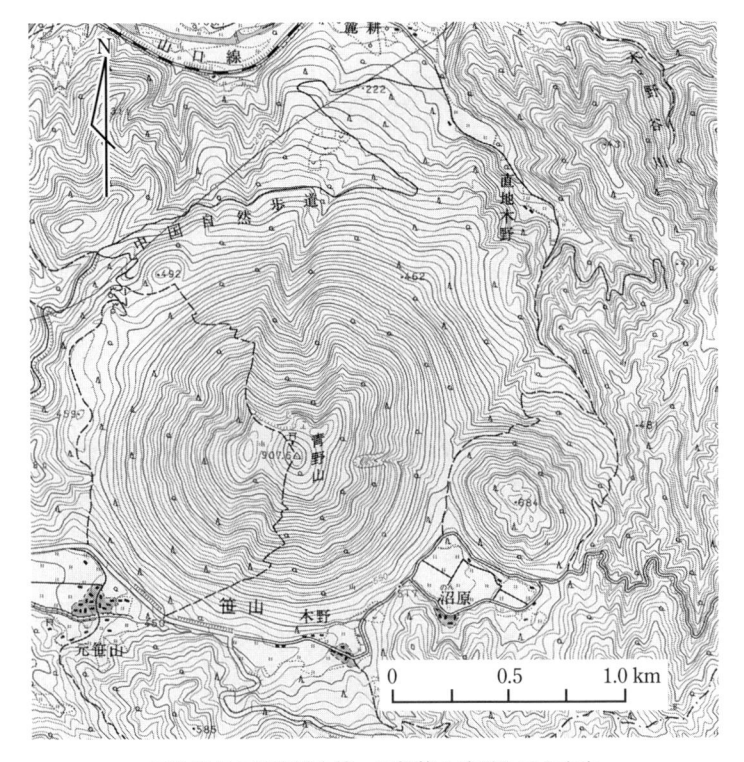

7.1 火山地帯の地形と地質　　109

同心円状の等高線を持つ円錐状の地形を示す火山

図 7.3　火山と山地（国土地理院　1：25 000 地形図　津和野）

どの地形的特徴から，火山地帯であることが比較的容易に認められる。

これら更新世ないし完新世に作られた火山地域では，その地形が若いことや固結した硬い岩石と固結していない緩い地層とが重なり合っていることなどの理由が相まって，山腹斜面や谷壁斜面はかなり不安定になっている。したがって，豪雨時や地震時などにおいてそのような斜面は崩壊や地すべりを生じやすい。例えば，1984 年 9 月に発生した長野県西部地震（M 6.8）における御岳崩れのように，大規模崩壊（10^7 m³）と岩屑流が発生することもある。

成層火山では数〜数十 m の厚さの硬い溶岩部分と，きわめてルーズな固結していない火山砂礫・軽石層・火山灰層などが互層となっており，各層の連続性は必ずしもよくない。図 7.4 に示すように，流出溶岩の中心部は，溶融状態

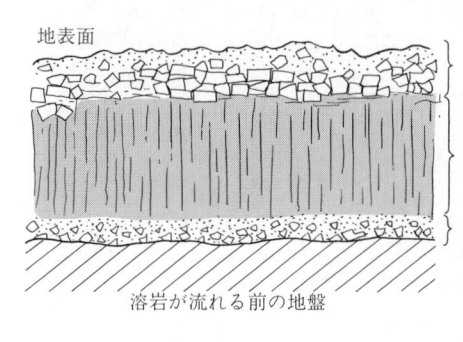

図中ラベル:
- 地表面
- 硬い火山岩の角礫と空げきが多くがさがさした部分（急冷却固結）
- 中心部は節理が発達した緻密な火山岩（ゆっくりと固結）
- 角礫と空げきの多い部分（急冷却固結）
- 溶岩が流れる前の地盤

図7.4　溶岩の模式断面

から比較的ゆっくり冷却するために，完全に結晶した堅硬な火山岩となり，節理が発達している。しかし，中心部の上部と下部は急冷却による固結と流動の繰返しが起こったために，硬い火山岩角礫と空げきの多いがさがさした部分とが混在した状態となっている。また，これらの各層を鉛直に貫くような硬い火山岩脈が貫入していることもある。なお，溶岩は一般に玄武岩か安山岩である。

溶岩層の上下部や火山砂礫層は透水性に富む一方，密な火山灰層は透水性が低い。成層火山全体は，ほかの一般の地層に比べると透水性がはるかに大きいため，図7.2に示すように山頂から中腹に至る表層部は地下水に乏しく，深部にのみ多量の地下水が貯留されている。一方，裾野から山麓部にかけては比較的浅いところに多量の地下水を貯留しており，山麓部ではこれらが被圧地下水帯を形成したり湧泉となって地表に湧出している。富士の裾野における多量の湧泉と豊富な地下水は昔から有名であり，成層火山がいかに多量の地下水をその山体内に貯留しているかを示している。

火山地帯では，火山活動の一部として地下深所より各種成分を含む温泉が湧き出ていることが多い。その周辺の岩石は温泉に浸されて変質作用を受け，例えば安山岩は暗緑色の**変朽安山岩**（プロピライト）となり，さらに変質が進むと**温泉余土**と称される粘土状の軟らかい変質岩が生成される。これらの作用が火山地帯の地質条件を一層複雑にしている。

成層火山よりはるかに規模は小さく，そのほとんどは溶岩およびその破砕物より構成される**塊状火山**あるいは**溶岩円頂丘**と呼ばれる火山がある。これは成層火山と異なり火山灰などの火口噴出物を伴わない。このような火山の構成岩石は，石英安山岩や流紋岩など淡色系統の粘性の大きい火山岩である。塊状火山の典型的な地形は，図7.5に示すようなもので，鉄かぶとのような独特の形体をしている。なお，塊状火山は，それだけで独立して存在する場合は比較的少なく，成層火山の寄生火山や二重式火山の中央火口丘として発達したものが多い。

図 7.5 塊状火山（二子山）（国土地理院 1：25 000 地形図 箱根）

成層火山の大爆発や陥没により中央部に生じた直径 2 km 以上の大きな円形状の凹地が**カルデラ**である。北海道や東北・九州などにカルデラを持つ火山が多く，十和田湖はカルデラ内に水がたまったものであり，鹿児島湾はカルデラに海水が進入してできたものである。なお，多量の噴出物を放出する大爆発に伴ってカルデラが形成された場合，カルデラ周辺には多量の火山灰，火山砂，軽石層あるいは溶結凝灰岩などが堆積し，特殊な台地状の地形を呈する。

カルデラ内で新たな噴火が生じた場合，火山が生成して**中央火口丘**を形成し，カルデラ壁を形成する**外輪山**とともに**二重式火山**を形成することがある。中央火口丘は成層火山であったり，また塊状火山である場合もある。**図7.6**に示すように箱根火山は，中央火口丘が一度陥没し，さらにその中に新しい火口丘ができた三重式火山である。また，現在の中央火口丘である駒ヶ岳や二子山は典型的な塊状火山である。

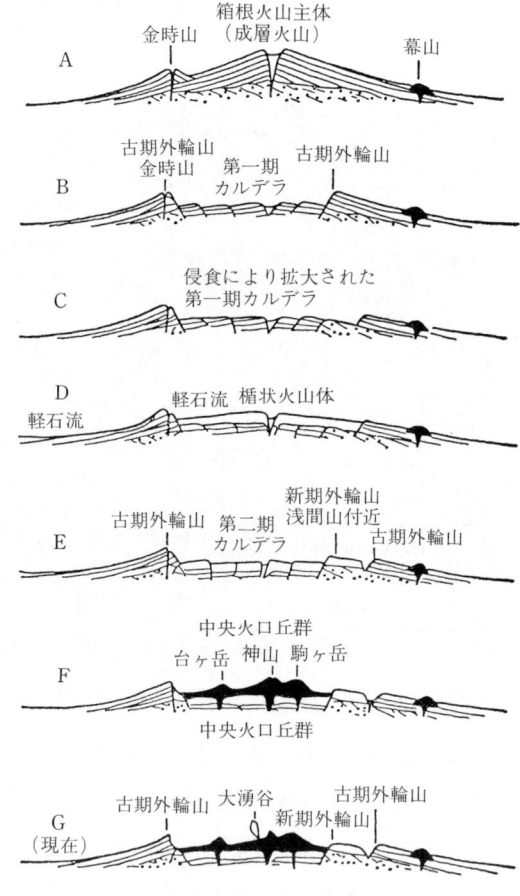

A 金時山　箱根火山主体（成層火山）　幕山

B 古期外輪山 金時山　第一期カルデラ　古期外輪山

C 侵食により拡大された第一期カルデラ

D 軽石流　軽石流 楯状火山体

E 古期外輪山　第二期カルデラ　新期外輪山 浅間山付近　古期外輪山

F 中央火口丘群　台ヶ岳 神山 駒ヶ岳　中央火口丘群

G（現在）　古期外輪山　大湧谷　古期外輪山　新期外輪山

図7.6　三重式火山である箱根山の断面（久野　久による）
〔箱根火山地質図再版委員会：箱根火山地質図および同説明書，大久保書店（1972）〕

このように，火山は単体であることはまれで，一般にはいくつもの火山の複合体であることが多い．また火山の基盤は以外と浅い．例えば箱根火山では，外輪山を刻む早川の谷には火山基盤の第三紀層が広く露出している．なお，火山の基盤岩は熱水溶液などの作用により，変質作用をかなり受けていることが多い．

7.2　火山地帯の建設工学上の問題

火山地帯における工学的問題はつぎの点があげられる．
（1）　硬軟不同で地質がきわめて不均質でしかも変化に富む．
（2）　未固結土層が存在する．
（3）　多量の地下水を含有している．
（4）　山麓部に高い被圧地下水が存在している．
（5）　温泉や地熱が発生する．
（6）　熱水溶液による変質岩が存在し，それは膨張性を示す．
（7）　地形が不安定で斜面崩壊や土石流が発生しやすい．

上記のいずれも建設工事の際に防災上の問題を生じる原因になることが多く，またそれらは複合して生じやすい．

火山地帯における建設工事で特に問題となるのは，トンネル掘削とダム建設の場合である．トンネル工事では，多量の地下水が湧出することによる未固結層の崩壊，それに伴う地表部での渇水，また熱水溶液に侵されて変質した岩石の膨張などが工事遂行上の困難な問題を引き起こす．火山地帯におけるトンネル難工事の事例としては，大正から昭和初期にかけて16年の歳月を費やして完成した東海道本線の丹那トンネル（延長7.8 km），昭和47年から約9年の年月をかけて完成した上越新幹線榛名トンネル（延長15.35 km）があげられる．

丹那トンネルが貫いた岩は，更新世の湯河原火山や多賀火山などの各種火山岩類と火山砕屑物，およびそれらの基盤岩である第三紀層である．トンネルには，その中央部を南北に横断する丹那断層（活断層）を初めとする諸断層が分

布し，それらの周辺には断層破砕帯や断層粘土が形成されていた。さらに，これらの断層に沿って上昇した熱水溶液によって第三紀層と火山岩類の一部は著しい変質作用を受け，そこには変朽安山岩や温泉余土が形成されていた。また掘削の途中では，しばしば大量の湧水とそれに伴う崩壊を生じ，さらに変朽安山岩や温泉余土の変質岩が掘削による応力解放に伴って膨張し，掘削断面を狭めるなどの問題も生じた。大量の地下水がトンネル内に排出したため，トンネル直上の丹那盆地を中心とする広範囲の渇水問題を引き起こした。さらに昭和5年11月26日に伊豆北部を震源とする北伊豆地震（M 7.0）が発生し，丹那断層に沿って左横ずれ断層（約2mの変位）が生じた。地表下約160mのトンネル部分でも2mの変位が生じ，被害を受けた。

榛名トンネルは榛名山の東麓に位置し，上越新幹線が新潟方面に向かって入る最初のトンネルである。榛名山は第四紀更新世に活動した成層火山で，山体裾野には火山泥流や扇状地性堆積物で形成された緩斜面が発達している。トンネルは緩傾斜面の裾野部分を南北に縦断し，その最大土被りは約200mと比較的浅い。地質は榛名火山の噴出物とその二次堆積物からなり，半固結〜固結層でスコリア層と砂礫層には多量の地下水を含有していた。掘削時には，最も湧水量の多いところで60 t/分の大湧水を記録し，湧水に伴う天端崩壊，切羽崩壊，砂礫流出などを生じた。このような湧水に伴う土砂流出は地表面の陥没現象も誘発し，トンネル通過区域の井戸，水源の枯渇・減少が生じた。

ダムでは，ダム貯水池の漏水の原因となる透水性地層の存在や，貯水池周辺山地の崩壊が大きな問題となる。このようなことから，火山地帯は長大トンネルやダムの建設にとって好ましい地質条件を備えていないと考えるべきでる。

7.3 火山と災害

火山地帯では，火山活動それ自体や火山体に特有の地質条件により，いわゆる火山災害と総称される被害がしばしば発生する。火山災害には，火砕物降下・火砕流・ベースサージ・溶岩流・山体崩壊・岩屑流（ドライアバランシュ，岩石なだれ）・火山泥流・土石流などの土砂移動現象，および火山性地

7.3 火山と災害

震・空振（爆風）・地殻変動・地熱・ガス・津波などがある。これら火山災害は一度発生すると多数の人命が失われるという点に大きな特徴がある。

7.3.1 火砕物降下による災害

火砕物降下による被害として最も有名なものは，**降下軽石・スコリア**でポンペイ市街地を埋没させた西暦79年のベスビオ火山の噴火である。わが国でも，江戸にまで降灰をもたらした1707年の富士宝永山の噴火，1929年に多量の降下軽石を噴出させた駒ヶ岳，1962年に西風によって北海道東部一帯を降灰砂で覆った十勝岳，同じ年にやはり降灰砂で農地85 haを壊滅させた三宅島の噴火，最近では1977年多量の降下火山灰によって80 km^{2}の森林被害と160 km^{2}の農地・農作物に損害を与えた有珠山，そしてさらに，毎年のように火山灰を降下させている桜島の噴火などがある。

7.3.2 火砕流による災害

火砕流（火山砕（岩）屑流）は，火口から噴出した高温（数百～1 000 ℃）の火山砕屑物がガスや液体とともに高速で地表を流下する一種の粉体流であり，火山噴火の際に火口から直接生じて粘性の低い流体として運動する。個体分の種類によって**火山灰流・軽石流・岩滓流・熱雲**などに分かれている。火砕流災害としては西インド諸島マルチニック島のプレー火山で1902年に発生した熱雲が有名で，山腹を高速（150 m/s）で流下してサンピェール市街を襲い，28 000人を死滅させた。日本では1783年の浅間山（鎌原火砕流・死者477名）が記録されているが，最近（1991～1993年）の雲仙普賢岳の火砕流災害(死者43名など)でその実態と防災対策の必要性が再認識された。

粘性の低い軽石流が発生した場合には，大規模なものでは100 km^2（到達距離100 km）までに達し，しらす台地のような広大な平たん堆積面を形成する。噴火後には，屈斜路，支笏，十和田，阿蘇，姶良などのようなカルデラを形成する。

火砕流の材料は，火山砕（岩）屑物，あるいは火砕物質とも呼ばれ，火山岩塊（64 mm以上），火山礫（2～64 mm），火山灰（2 mm以下）に分けられている。火山灰はさらに火山砂，火山灰，火山塵に分けられることもある。こ

れらの火砕物質は流動停止後に冷却固結して，凝灰岩・凝灰角礫岩・火山礫凝灰岩などとして火山地域を広く覆うことになる。

また，マグマ-水蒸気爆発の際に，火口から環状に広がる高速の横なぐり噴煙（火砕流よりも低温）が生じることがある。これを特に**ベースサージ（火砕サージ）**と呼んでいる。フィリピンのタール火山では，1965年噴火時に周囲数kmにベースサージが広がり（速度10～数十m/s），150人の死者を出している。また，1980年のセントヘレンズ噴火や，1989年の十勝岳噴火に際してベースサージが観測されている。

7.3.3 溶岩流による災害

溶岩流は火口から噴出した高温（1 000 ℃前後）の溶岩が重力の作用で自然に地表を流下するもので，溶岩が玄武岩質の場合には低粘性で流動性が高く，安山岩～デーサイト質の場合には高粘性で流動性が小さい。例えば，ハワイのマウナロア火山（4 170 m）では，1950年の噴火時に厚さ数mの玄武岩質溶岩流が3°内外の緩傾斜地を25～50 km/hで30 kmまで流下した。日本における溶岩流災害としては，1914年の桜島の事例と1783年の浅間山の事例があげられる。

桜島の火山活動は，日本では最も激しくて707年以来30回以上もの爆発を繰り返しているが，特に1476，1779，1914，1946年の4回が大きなものである。1914年には桜島の東・西方向に溶岩流が発生し，東側の溶岩流は大隅半島との海峡を埋没してそこを陸続きとした。このときには8集落が溶岩流に飲み込まれ，地震に伴うがけ崩れによる死者30名を含めて死者62名，負傷者110名，家屋破壊2 500戸の大災害となった。浅間山では，1783年に北側斜面で溶岩流（鬼押出し）が発生した。このときの爆発では，まず東方への軽石噴出とその後の北方への吾妻熱雲・鎌原熱雲の火砕流，そして鬼押出し溶岩流が順に発生したといわれている。これによって六里ヶ原，鎌原集落は埋没し（死者477名），吾妻川流域は多大な被害を受け，総死者数1 051名，家屋破壊流失1 061戸にのぼった。近年の溶岩流災害としては，1983年10月の伊豆三宅島雄山のもの（割れ目噴火・マグマ水蒸気爆発・溶岩流山腹流下による西岸阿

古集落の8割以上340戸埋没）と，1986年11月の伊豆大島三原山のもの（溶岩流が大島最大集落である元町の100m上部に迫り，島民1万余が1箇月に及ぶ島外避難生活）があげられる。

7.3.4 火山泥流

　山腹や谷の構成物が多量のガスあるいは水とともに一つの流れとして一斉に流下する現象を一般に土石流というが，火山活動を起因とする土石流は**火山泥流**と呼ばれることのほうが多い。流下する固体物質に占める細流成分（火山灰）の割合が多く，土石よりも泥のイメージのほうが適合するからである。このような火山泥流は，泥流の発生時に関して噴火時のもの（一次）とそれ以降のもの（二次）とに区分されるほか，流動化をもたらす多量のガス・水の供給様式により河川流入型・火口決裂型・融氷雪型などに区分され，その発生形態は多岐にわたる。

　山体崩壊・岩屑流型は，火山爆発あるいは火山性地震の発生に生じた大規模な山体（成層火山・溶岩円頂丘）崩壊の破砕物が高密度・高速の粉体流として流下するもので，**ドライアバランシュ・岩屑なだれ・岩なだれ・岩屑流**などと呼ばれる（1792年の雲仙眉山，1888年の磐梯山，1980年のセントへレンズ，1984年の御岳，など）。

　1888年7月15日に猪苗代湖北方の磐梯山（670m）が突如としてガス爆発を起こし，北側山体の破壊により山頂は505mに低下した。このとき，12億m³の山体崩壊物が水（地下水）を巻き込んだ泥流となって流下し，461名の犠牲と約7000haの山林・田畑被害をもたらした。この泥流速度は45～77km/hともいわれ，泥流堆積物は長瀬川とその支流をせき止めて，檜原湖・小野川湖・秋元湖などを形成した。

　河川流入型は岩屑流・火砕流が河川に流入して河川水と混合し，流下するものである。1783年の浅間山・吾妻川泥流は鎌原火砕流が吾妻川に流入したため，1980年のセントへレンズ泥流は岩屑流が河川水に混じったために，おのおのの下流域に甚大な被害を与えたといわれる。

　火口湖決壊型は，噴火時に決壊した山頂火口湖の湖水が流れ出して火山噴火

堆積物を浸食・混合して泥流化して流下するもので，1953年のルアペフ（ニュージーランド），1919年のクルー（インドネシア）があげられる。

融氷雪型は，噴火に伴う高温の噴出物によって融解した火口周辺の積雪・氷河が噴出物と混合して泥流化するもので，1926年の十勝岳や1985年のネバド・デル・ルイス火山の災害などが代表事例である。1926年5月24日には，十勝岳噴火による噴出岩屑と山体破壊物が多量の積雪融水を伴って大規模な二次泥流となり，上富良野村・美瑛村を襲って死者144名・森林被害29 km^{2}をもたらした。

堰止め湖決壊型は，火砕物により河道を埋塞されて形成された天然ダム・堰止め湖（例えば，1888年の磐梯・檜原湖）が決壊してその水が火砕物と混合して泥流化するものをいう。1783年に浅間山の爆発に伴う鎌原火砕流によって，一時堰止められた吾妻川の天然ダムがその後に決壊し，泥流となって約1000人の死者を生じている。

降雨型は，火砕物降下によって山体が多量の火山砕屑物で覆われた後の降雨によって堆積物泥流化するもので，インドネシア諸火山・桜島・1978年の有珠山など多数の事例がある。

7.3.5 スラッシュフロー

特殊な条件が重なると雪と火山礫の混合流が発生する。そのような混合流は，ごく最近になって**スラッシュフロー**と命名された。富士山の東斜面では数年に一度はこのスラッシュフローが発生している。その発生のメカニズムは，基本的につぎのようである。

富士山東斜面では，宝永山噴火（1707年）によって火山礫が厚く堆積し，森林が埋まってしまった。この礫層は水をよく通し，相当の降雨量があっても普通は土石流や土砂流を発生させるには至らないが，冬季には凍り，その間げきは氷で詰まって不透水層が形成されることになる。春期に気温が上昇すると，凍結した礫地盤は表面から溶け始める。このとき降雨があると，凍結部より上の斜面内水位が上昇し，その浸透力によって融解した礫層は土砂流となる。通常は融解層の上には積雪が残っているので，実際に土砂流となると雪-

7.3 火 山 と 災 害

土砂混合流となることが多い。これがスラッシュフローである。この現象は古くから頻繁に起こっていて，ときおり大災害となったので，地元では雪代(ゆきしろ)の名で恐れられてきた。また，広域で頻繁に発生するスラッシュフローのために，宝永噴火から約300年経った現在でも，ここには植生がつかず，いまだに裸地のままである（**図7.7**）。したがって，ここでの森林限界は，標高約1300 mにとどまっている。

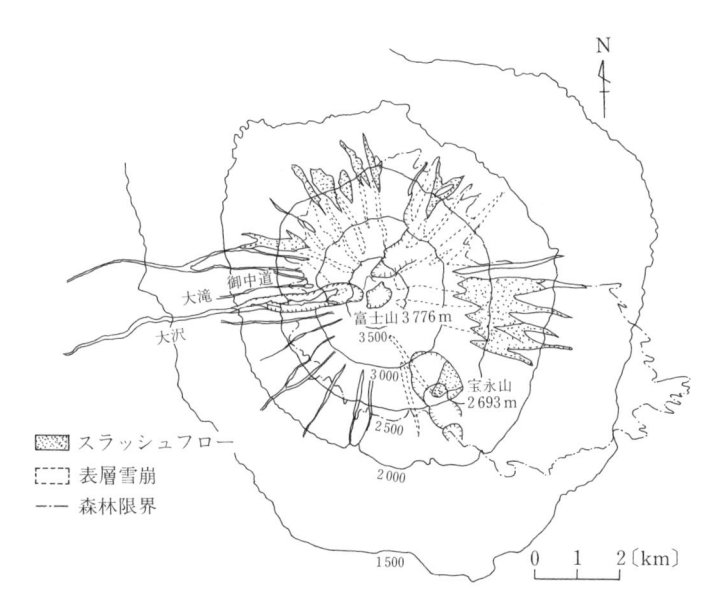

(a) 富士山東斜面のスラッシュフローの分布〔安間ら：20th IUFRO World Congress, pp.183-188 (1995)〕

(b) 森林限界以高の裸地

(c) スラッシュフローによる被災状況

図7.7 富士山東斜面のスラッシュフローの分布と状況

第8章 プレートテクトニクス

8.1 プレートテクトニクスに至る歴史

地球の表面では地震や火山噴火などのいろいろな変動が起きている。このような変動がなぜ起こるのかを研究する学問を**テクトニクス**という。**プレートテクトニクス**はそのような変動を統一的に説明する学説の一つである。以下，この学説に至る歴史をたどってみる。

8.1.1 大陸移動説の提唱

大西洋を挟んだ両大陸の沿岸地形が並行しているのに着眼し，両大陸はもともと一続きのものでそれが裂けて分離したのではないかと考える人が現れた。1889年にスナイダー，1910年にテイラーといった人たちは，割れ目を境として両側の大陸がたがいに逆方向に広がり，そこに生じた海が大西洋になった，という仮説を発表した。

このような仮説に対して地球物理学的・古生物学的・地質学的，ならびに気候学的な裏づけを与えたウェゲナーは1912年に**大陸移動説**を提唱した。ウェゲナーの大陸移動説によれば，図8.1に示されるように，かつて**パンゲア**と呼ばれる一つの超大陸があり，それが中生代末よりいくつかの大陸に分離し，各大陸はそれぞれ移動を続けて現在のような分布になった。この説は，大西洋を隔てた両大陸間の動植物分布のみならず，古生代末の氷河の分布や両大陸間の地層の連続性までを明快に説明し，まことにユニークなものであった。ウェゲナーは，各大陸は塑性的に流動するシマと呼ばれる盤の上に浮いており，それ

石炭期後期

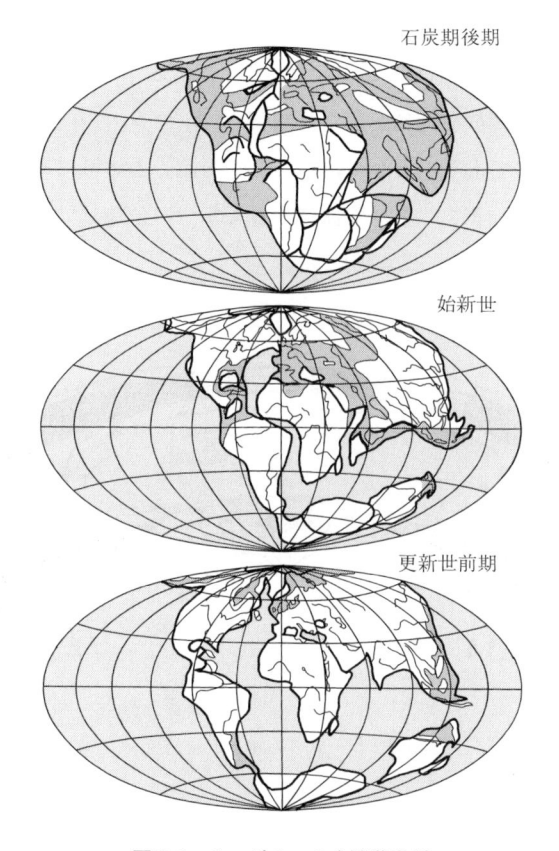

始新世

更新世前期

図 8.1　ウェゲナーの大陸移動説

ぞれがあたかも船が進むように地球表面を移動すると考えた．その原動力としては地球自転による遠心力と潮汐力を考え，それらの力で大陸が赤道に向けて，かつ西方へ移動するとした．そして，移動しぶつかり合う大陸の前面では大陸自身が突き上げられて大山脈が形成され，日本列島などは西移するアジア大陸の東縁に取り残された大陸地殻の小片であるとした．

8.1.2　マントル対流説

　地球の遠心力や潮汐力で大陸が動くという説には理論的な無理があった．その後 1929 年になって，ウェゲナー説の最大の欠点である大陸移動のメカニズムについて，ホームズが**マントル対流説**という今日からみてもまことに先見性

のある注目すべき説を発表した。

マントル対流説とは，図 8.2 に示すように，地表下 2 900 km の深部にまで存在するマントルが放射性物質により熱せられ，マントル内で自ら対流を生じているというものである．そして，マントル対流の上昇域にある大陸塊は，上昇して左右に分かれるマントル対流によって二つに分離して，それぞれ対流によって反対方向に運ばれると説明した．

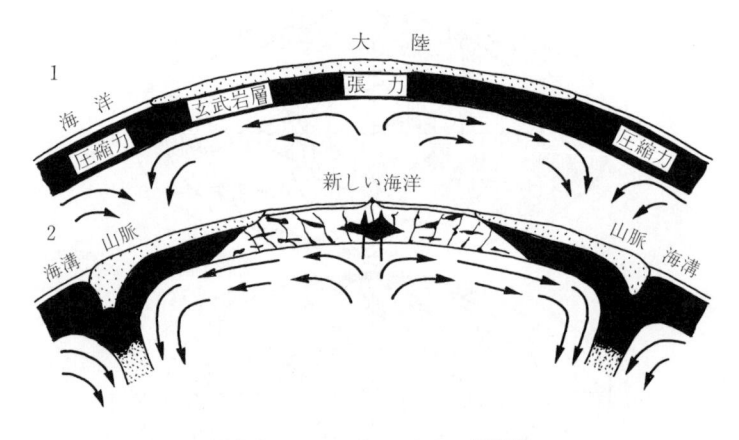

図 8.2 ホームズのマントル対流説

このホームズの説は，それまでの地質学，古生物学ならびに古気候学上の問題の多くを見事に解決するものであったが，大陸が動くという考えはなかなか当時の人びとになじみにくいものであった．特に，大陸を動かす原動力としての遠心力・潮汐力・マントル対流などの考えが当時の人には理解できないものであったため，大陸移動説は地質学界や地球物理学界において異端の説として葬られるに至り，1910 年代に誕生したものの，1930 年代には一応幕を閉じた．

8.1.3　古地磁気学による進展

大陸移動説が復活したのは，第二次大戦後の古地磁気学と海洋地球物理学，ならびに海底地質学における学問の進歩による．大陸岩石が持つ磁気を調べていた研究者が，アメリカ大陸を東にずらしてヨーロッパ大陸と合わせるように

8.1 プレートテクトニクスに至る歴史

大西洋を閉じると，同時代の岩石が示す磁北が両大陸で一致することを見いだしたのである．古い岩石が持つ地磁気についての学問は古地磁気学といわれ，つぎのような理論に基づいている．火山岩が溶融状態から冷却固結するとき，岩石中に含まれる磁鉄鉱などの鉱物粒子は帯磁して，岩石内でその時代の地球磁場のN～S方向に配列する．したがって，地質時代に生成した火山岩中の磁化した鉱物粒子の配列からその時代における磁化の位置を割り出すことができる．この論理に基づいて地球磁場の変化を研究するのが**古地磁気学**である．

古地磁気学から得られたデータは，ある時代においてアメリカ大陸とヨーロッパ大陸がもともと一つであったことを示す有力な証拠となったのである．

地球磁場の磁北はつねに北にあったわけではなく，いまより70万年以前は南であったことが知られている．また，その後の古地磁気学の研究から，数万～数十万年ごとに磁場の南北が逆転してきたこともわかった．いまでは，岩石の絶対年代の測定結果と磁場の方向から，**表8.1**に示す磁場逆転の編年表が作られている．なお，現在の磁北と一致している時期を**正帯磁期**，逆方向の場合を**逆帯磁期**という．

表8.1 地質時代における正帯磁期と逆帯磁期

K-Ar年代(100万年)	0.5	1.0	1.5	2.0	2.5	3.0	3.5	4.0
地磁気極性期の年代	0.69				2.43	3.32		
地磁気極性期	ブリュンヌ正磁極期	松山逆極性期			ガウス正極性期		ギルバート逆極性期	
磁場の逆転								
極性事件の年代	0.02 0.03	0.89 0.95	1.61 1.63 1.64 1.79 1.95 1.98 2.11 2.13		2.80 2.90 2.94 3.06		3.70 3.92 4.05 4.25 4.38 4.50	

(凡例) □ 逆帯磁期， ▨ 正帯磁期

個々の岩石の磁気の実測強さと，地球を双極子と見た場合の磁気の平均強さとの違いを**磁気異常**という．海底磁場調査から，磁気の正常なところと異常を示すところが**図8.3**に示すように帯状に分布するという磁気異常の縞の存在が発見された．そして，**大西洋中央海嶺**の両側に磁気異常の縞が対称に存在して

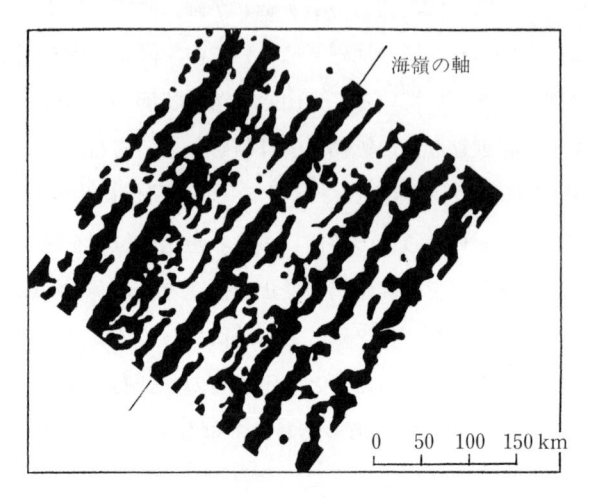

図8.3 海底磁気異常の縞模様

いることが判明した．大西洋中央海嶺は深さ約4000mの大洋底から約2000mの高さでそびえ，図8.4に示すように，その中央部にアフリカ中央地溝によく似た幅10〜20kmの裂目のような地溝がある．海嶺部では海底火山活動が活発で高温であること，中央海嶺に近いほど海底を形成する岩石の生成年代が新しく，遠ざかるにつれて年代が古くなることなどが明らかにされていった．また，アイスランドは中央海嶺が海面上に姿を現したものであることもわかった．

このような観測された諸事実を統一的に説明する概念として，1963年にケンブリッジ大学の若い二人の研究者，バインとマシューズが明快な説を打ち出した．図8.5に示されるように，中央海嶺は高温のマントル物質が地球内部より上昇するところであり，海底火山として溶岩を噴出する．このとき溶岩中の磁性鉱物は，そのときの地球磁場に応じた方向に帯磁して固化し，つぎつぎと後から上昇するマントルのために左右に分かれ，マントル対流にのって東西に運ばれていく．すなわち，海嶺で溶岩が冷却固結したときの磁気方向を示したままの状態で海底を移動するので，海底にはいわば磁場の化石が分布することになる．

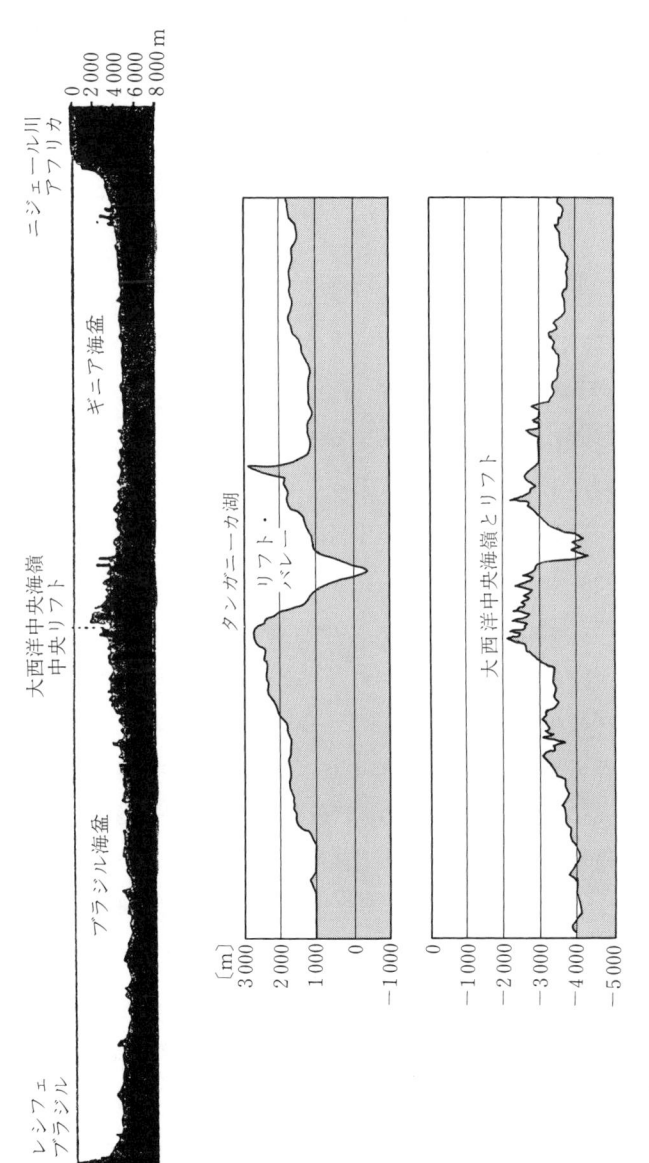

8.1 プレートテクトニクスに至る歴史　**125**

図 8.4　大西洋中央海嶺とアフリカ中央地溝の断面（B.C. Herzen）

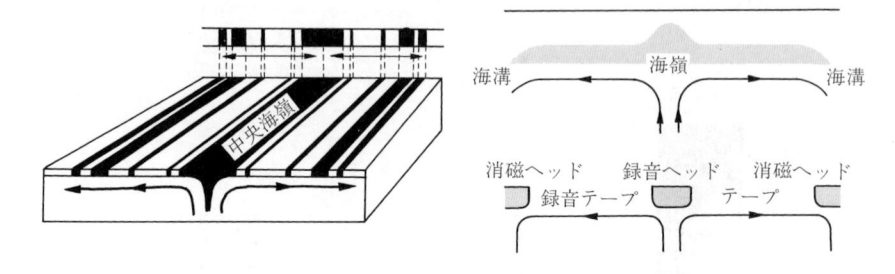

図8.5 バインとマシューズのテープレコーダ説

　図に示すように，2台のテープレコーダでそれぞれ東と西方向に向かうテープ上にその時代の磁場に応じた向きを持つ磁気ヘッドによって磁気が記録され，つぎつぎと移動していくとする考えである。

　この説によれば，中央海嶺で高温であること，海嶺上に引張力により生じたとみられる地溝が存在すること，特に中央海嶺を境として，東西の海底磁気異常の縞が対称であることの説明がつく。また，縞の幅から正常磁気と逆帯磁気の分布幅がわかり，陸上におけるデータから各地質時代における磁場の正逆の時間間隔が表8.1のように判明しているので，これを物指しにすることにより海底の移動速度がわかる。

　大西洋では，その移動速度は約 2 cm/年 である。中央海嶺からアメリカまたはアフリカまでの距離は約 4000 km であるから，この速度で海底が移動したとすれば約 2 億年かかって，いまの大西洋が開いたことになる。大西洋の海底から中生代ジュラ紀（約 1 億 8000 万年前）のものより古い時代の岩石は発見されていないので，上の算定速度はほぼ正しいとみなせる。

　1960年代初頭までには大西洋中央海嶺と同様の海嶺が各大洋に発見され，海領全地球をとりまく存在であることが知られるようになった。そして1961年にプリンストン大学のヘスによって，海底は海嶺で作られ，マントル対流にのって移動し，海溝で沈み込む，という仮説が出された（図8.6）。これは，**海洋底拡大説**と呼ばれている。事実，どの大洋の海底からも中生代ジュラ紀より古い堆積物は発見されていない。

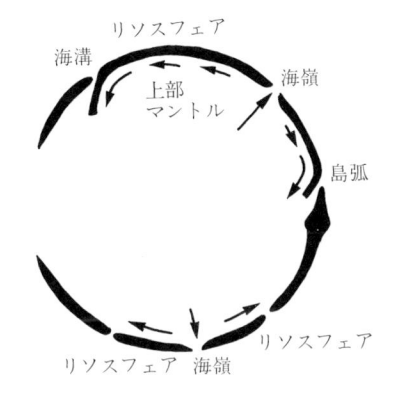

図8.6 ヘスによる海洋底拡大説の模式断面図

このように，主として古地磁気学と海洋底の調査から，大陸移動説は再び陽の目をみるようになり，最新の装いをもって劇的な復活をしたのである．それらを総合してプレート説と呼ばれる学説が体系づけられてきた．

8.2　プレートテクトニクスの理論

1960年代の後半になると，それまでに観測され蓄積された事実に基づく多くの仮説や推論が総合されて，**プレートテクトニクス**と呼ばれる統一的な理論が固まってきた．プレートテクトニクスの地球物理学的な根拠は，厚さ約100 km程度の固い地球の表層部分の板があたかも剛体板のようにふるまい，それぞれが相対的に別個の運動をしているという点にあり，さらにその論理体系は造山運動や火成活動など，すべての地学的現象が全地球的な規模，それらプレートの相対運動によって統一的に解釈説明されるというものである．

地球表面を覆うプレートは，図8.7に示すように，8枚の大プレートと8枚の小プレートよりなっている．その厚さは約100 kmであり，**地殻**と**上部マントル**よりなる．**リソスフェア**と呼ばれるその部分は，その下の**アセノスフェア**と呼ばれるものの上に浮いており，プレートとして水平方向に移動している．隣り合うプレートの間は三つの異なった性質を持つ境で介されている．すなわち，①大洋中央海嶺，②海溝，③トランスフォーム断層である．

大洋中央海嶺は地球内部より上昇した高温物質が活発な海底火山活動を伴っ

128 第8章 プレートテクトニクス

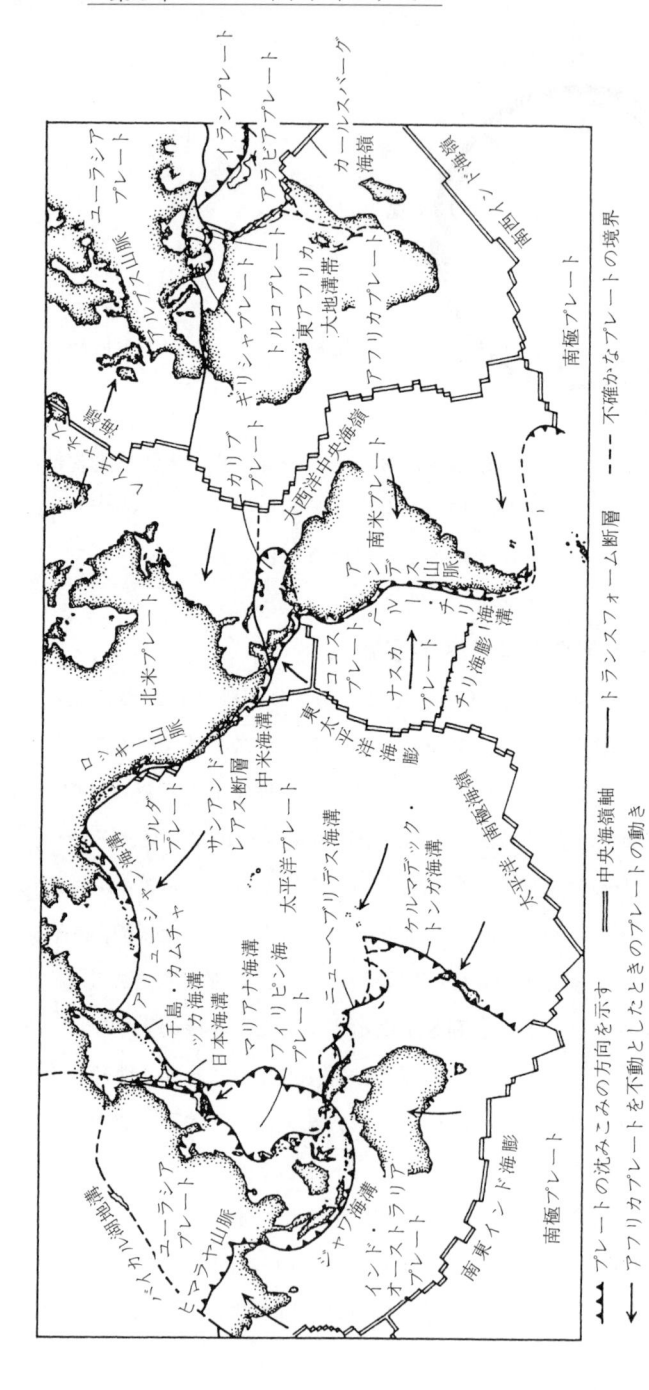

図 8.7 地球上のプレート分布とその境界

てプレートを生み出すところであり，そこで二つのプレートが左右に分かれていく．これらのプレートは年間数 cm ほどの速度で移動していき，ほかのプレートと衝突すると一方は**海溝**で沈み込む．この沈み込み（サブダクション）によりプレートが死滅する．この衝突の場はまた弧状列島や大山脈が生まれるところでもある．第三の境界である**トランスフォーム断層**は，図 8.8 に示されているように海嶺の軸がずれているところに生じ，その断層上で隣接するプレートは相互に逆向きに移動する．

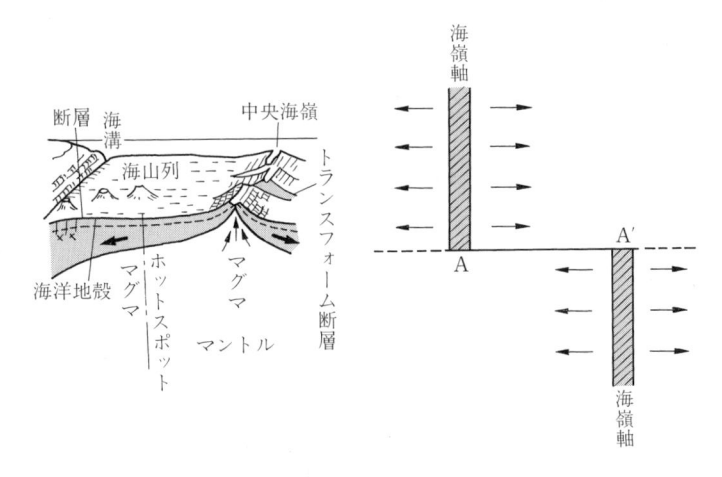

ずれた海嶺軸 AA′ 間ではプレートの移動の向きが逆となり，トランスフォーム断層となる

図 8.8　トランスフォーム断層

太平洋についてみれば，南太平洋のペルー沖にある**東太平洋海膨**（多少平たく幅広いので海嶺と呼ばずに海膨と呼ばれている）で生まれた太平洋プレートが，約 8 cm/年 の速度で西北西に向かって移動し，日本海溝でアジアプレートの下に潜り込んでいる．この潜り込みに伴い巨大地震が発生し，また堆積物の圧縮による褶曲や断層および火成活動などもろもろの地質現象が活発に行われている．また，アメリカ西岸に沿って数千 km の延長を持つサンアンドレアス断層は，トランスフォーム断層であるとされている．サンフランシスコやロスアンゼルス近郊で起こる地震は，この断層の活動によるものである．

第8章 プレートテクトニクス

ハワイ群島は，図8.9に示すように，ミッドウェー島まで点々と島が連なるが，その先も途中で方向を北北西に変えてカムチャツカ半島まで，**天皇海山列**と名づけられた沈没した火山島（海山と称される）が連なっている。最も東端に位置するハワイ島は現在も活動している活火山島であるが，西方に向かうにつれて島の生成年代が古くなる。

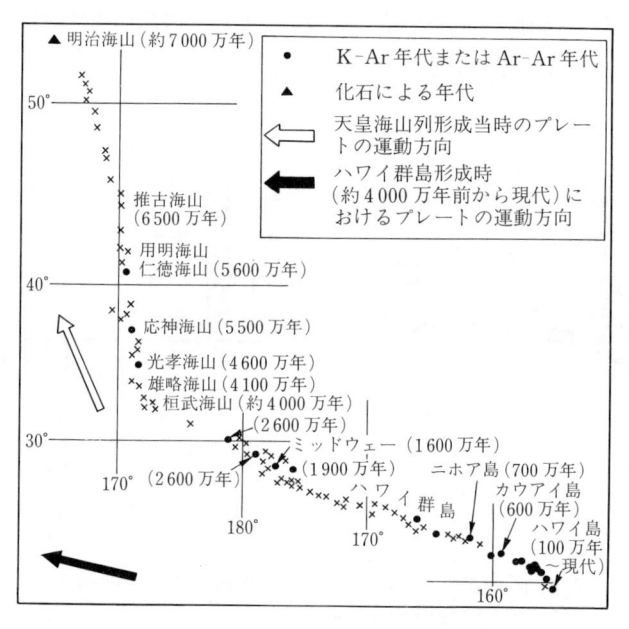

図8.9 ハワイ・天皇海山列とその年代

例えば，図に示されているように，ミッドウェー島は約1600万年前，カムチャツカ半島に最も近い明治海山は約7000万年前の中生代にできたとされている。このように，西北へ行くほど火山島が古く，また，より沈没していることの解釈を図8.10に示す。現火山の直下に**ホットスポット**と称される深所からの高温物質の湧出口があり，この地点は地球上に固定されているが，噴出した火山島は移動する太平洋プレートにのってつぎつぎと運ばれていく。またプレートは海嶺から遠ざかるにつれて冷却し重くなり，火山島をのせたまましだいに沈下する。同様な例は南太平洋のほかの諸島でも知られている。

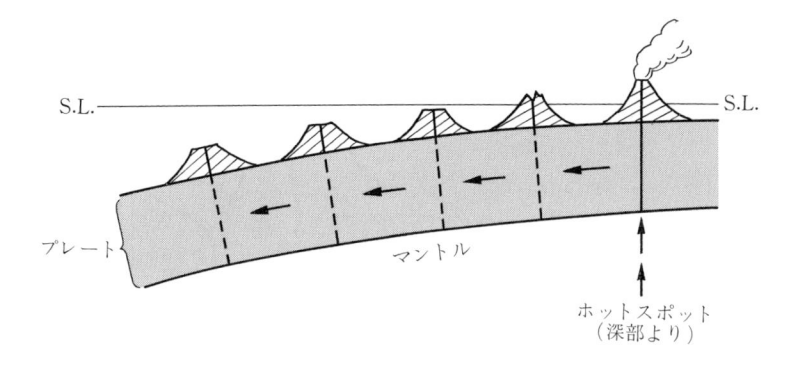

図 8.10 火山の移動と沈下，海山の生成

8.3 プレートテクトニクスと日本列島

日本列島は**ユーラシアプレート**（アジアプレート）上の東縁に形成されたものであり，日本海溝で**太平洋プレート**に，また南海トラフで**フィリピン海プレート**に接している．その様子を図 8.11 に示す．ただし，糸魚川-静岡構造線以東の東北日本は，北米プレート上にあるとする説もある．なお，日本海溝で沈み込んだ太平洋プレートは，図 8.12 に示すように日本列島の下に潜り込んで，日本海の下まで達していると観測されている．

太平洋プレートは年間に 8 cm 程度の速度で西北西に動くため，図 8.11 に示すように，その動きは日本列島に対し，東より西に向かう圧縮力として作用する．このため，東北日本には南北方向の逆断層が発達している．一方，西南日本ではフィリピン海プレートが年間 5 cm 程度の速度で南海トラフで沈み込むため，西南日本は北西方向に圧縮されている．わが国で生じる大きな地震のほとんどは，これらのプレートの移動によって発生する応力が地殻を破壊するときに生じるものといえる．

プレートの動きによって，大陸棚上の堆積物は圧縮を受けて変形し，褶曲や逆断層などを生じることになる．一方，プレートが沈み込み，ある深さに達すると，その上面付近で摩擦熱によるとみられる部分溶融が生じ，マグマが生成される．このマグマが上昇することによって火山帯が形成されている．図

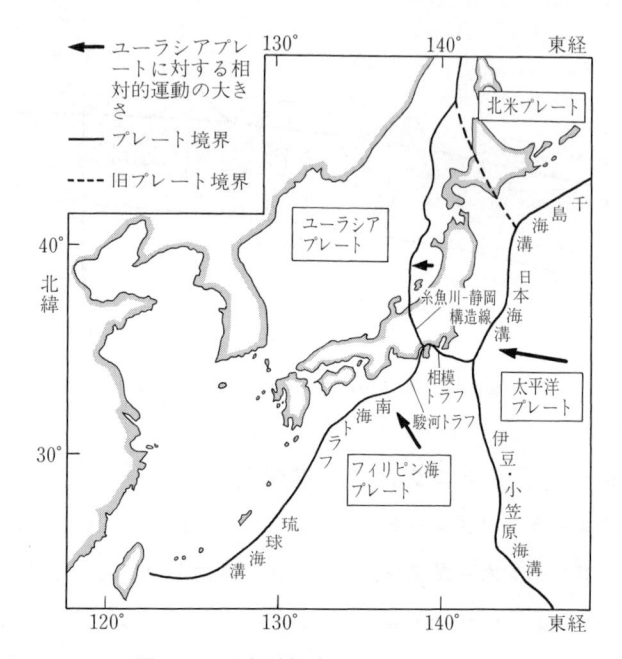

図 8.11 日本列島周辺のプレートと海溝

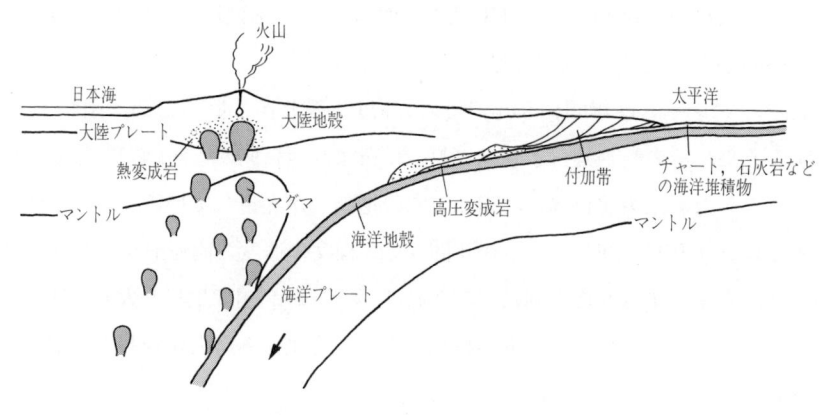

図 8.12 沈み込み帯の模式断面図

8.12 は東北日本の断層面についてこれらの関係を示す.

日本列島は，かつて現在よりも大陸近くに存在していたが，第三紀になってから起きた日本海の拡大により，本州中央部付近でくの字形に折れ曲がった，

と古地磁気学のデータなどに基づいていわれている。日本海のような縁海がどうして生成されたかは，まだ完全には明らかにされていないが，縁海の下で高温物質の上昇が生じ，このため拡大したと考えられている。

伊豆諸島ならびに伊豆半島はフィリピン海プレートにのっている。伊豆半島はかつて独立した火山島であったが，このプレートが北北西へ移動したため，第四紀前半に本州と衝突したものと考えられている。このため，**図 8.13** に示されているように，本州の地層は屈曲を生じたとみることができる。一方，南海トラフは駿河湾中央部を経て陸上部に上陸し，箱根火山の北側を回って相模トラフに連続するものと解されている。

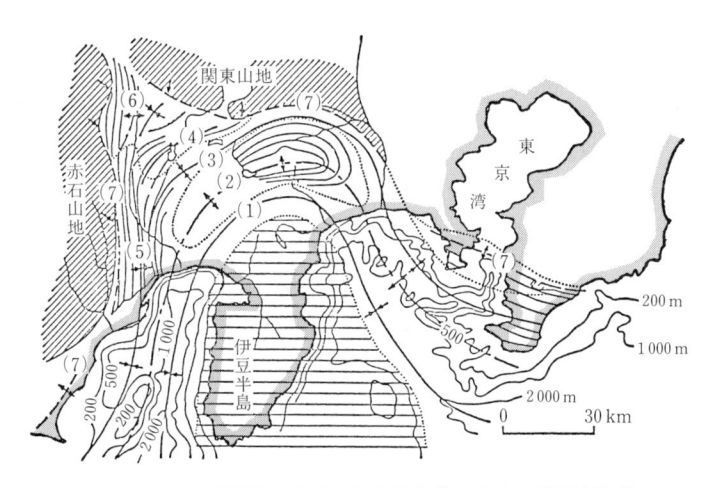

（1）　足柄沈降帯　（2）　丹沢隆起帯　（3）　桂川沈降帯
（4）　御坂隆起帯　（5）　富士川沈降帯

図 8.13　伊豆半島の衝突による本州の湾曲構造〔松田時彦：南部フォッサマグナの彎曲構造と伊豆の衝突，第四紀研究，Vol. 23, No. 2, p. 152 (1984)〕

駿河トラフを予想震源とする東海地震は，本州ののるプレート下にフィリピン海プレートが沈み込み，横すべりを伴う逆断層が発生することにより，引き起こされると想定されている。

プレートの沈み込みによって，伊豆半島のようなプレート上の島のみなら

ず，海底堆積物も変形を受けながら陸側に付加されていくものと考えられている。従来，わが国で古生層と考えられていたものの多くが，最近では中生代におけるプレートの沈み込みに伴う**付加体**であると考えられるようになってきている。また，その付加体の主体をなす砂岩や泥岩は浅海底堆積物が海底地すべりで混濁流となった後に堆積した物（タービダイト）であり，石灰岩は南海の玄武岩質海底火山上に生長したさんご礁を起源とすることがわかってきた。

西南日本においては，古生層，中生層，第三紀層が帯状に順次新しいものほど南側に配列している。これらのいずれもがプレートの沈み込みに伴って陸地につぎつぎと付け加えられたものと考えられるようになった。

一方，東北日本の北上山地や阿武隈山地もまた，太平洋プレートにのって運ばれてきた地塊の一部がユーラシアプレート（あるいは北米プレート）に付加されたものと考えられている。さらに，北海道中央部を南北に走る日高山脈地帯は，かつての海洋底であり，その両側にあった二つの地塊が古第三紀に衝突して隆起したものとされている。

このように，日本列島付近は多くのプレートが衝突し，また沈み込んでいるところである。そのため，現在なお地殻変動，造山運動ならびに火成活動が活発に行われているところである。

8.4　地震発生の仕組みと災害

日本列島で発生する地震は，その震源域の違いにより大きく三つに分けることができる。第一はプレートとプレートの境界面で起こる地震で，**プレート境界地震**と呼ばれるものである。このタイプの地震は，プレートの沈み込み面に沿う低角度逆断層によるものであり，いわゆる**海溝系巨大地震**がこのタイプに属する。第二は海洋プレートの内部で起きる地震で，海溝付近で生じる地震がこのタイプに属する。第三は沈み込んだプレートの上側にあるプレート内で起きる地震で，いわゆる**内陸直下型地震**がこれにあたる。第二と第三をまとめて**プレート内地震**と呼んでいる。なお，直下型地震と呼ばれるものすべてが第三のタイプというわけではなく，沈み込むプレート自身の中や，プレート境界で

起きる地震も直下型となり得る。関東地方で身体に感じる地震は，海洋プレート内地震かプレート境界地震である。

地震によって放出されるエネルギーの量は**マグニチュード**で表される。そのエネルギー量を E（エルグ），マグニチュードを M とすると，両者の間には**グーテンベルグ・リヒターの式** $\log E = 1.18 + 1.5\,M$ によって表される関係がある。すなわち，マグニチュードは地震による放出エネルギー量の対数を表したものであり，$M = 8.6$ がマグニチュードの上限であって、これ以上の地震は起きないとされている。$M = 8.6$ に対応するエネルギー $E = 5 \times 10^{24}$（エルグ）は，出力 110 万 kW の原子力発電所が昼夜休みなく 10 年間フル回転して出す電力に相当する。

8.4.1 プレート境界地震

日本列島付近では，太平洋プレートとフィリピン海プレートの二つの海洋プレートが沈み込んでおり，その沈み込みが南の部分で二重になっていることに特徴がある。すなわち，フィリピン海プレートが伊豆-小笠原弧沿いに南から太平洋プレートに沈み込み，かつ西南日本-琉球弧沿いにユーラシア大陸プレートの下へ沈み込んでいる。関東地方の下ではそれら二つの沈み込みが接近していて，フィリピン海プレートは太平洋プレートとその上盤側のプレートの間に入り込むようにして沈み込む。関東地方で頻発する小さい地震の多くは，プレート沈み込みのこの二重構造によって生じると考えられている。

フィリピン海プレートのユーラシアプレート下への沈み込みによって，南関東から西南日本外帯にかけて，かつて巨大地震が多く起こっている。これらはすべてプレート境界地震であり，このタイプの地震が起こるにはプレート境界でのひずみがその限界まで蓄えられる必要がある。例えば，フィリピン海プレートがその上盤側プレートに対して移動する相対量は年間 3～5 cm と測定されており，**1923 年 関東地震**（大正 12 年，$M\,7.9$）規模を想定すると，そのときの断層運動に必要なすべり量（上盤側プレートと沈み込みプレートの食違い量）6 m をプレート境界で蓄えるには 200 年必要である。

地震発生の予知に周期説がある。大正関東地震の前には元禄関東地震(1703

年)が発生しており，その間は220年である．同地域で起こっている地震は，この繰返しの周期とみられる．西南日本外帯では，南海トラフに沿うフィリピン海プレートの沈み込みによって巨大地震が90〜150年間隔で起きている．これらの地震発生までのすべり量は4〜6mとされ，これをプレート間の相対速度で除すと80〜150年となって，地震発生の周期とほぼ一致する．

1944年 東南海地震（$M\,7.9$）・**1946年 南海地震**（$M\,8.0$）が発生してすでに50年経過している．また，駿河湾-東海地方では**1854年 安政東海地震**（$M\,8.4$）以来，143年が経過している．

南海トラフをさらに南下したところの日向灘では$M\,7$クラスの地震が10年に1度くらいの頻度で起きているが，それよりさらに南の琉球弧では大きな地震はほとんど起きていない．

太平洋プレートの沈み込みでも同じような地震活動が見られ，千島弧から東北日本弧にかけては，巨大地震が100年くらいの繰返し周期で起きている．

北海道から東北日本にかけての日本海沖合では，最近数十年間に**1964年 新潟地震**（$M\,7.5$），**1983年 日本海中部地震**（$M\,7.7$），**1993年 北海道南西沖地震**（$M\,7.8$）などの大地震が頻発してきた．これらの地震に対して，東北日本と北海道の一部を含むオホーツクプレートを考え，それとユーラシアプレートとの間の境界地震とする説明が最近されている．

8.4.2 内陸直下型地震

沈み込み部の上盤側プレート内で起こるいわゆる内陸直下型地震の発生メカニズムは，プレート境界地震ほどにはよくわかっていない．基本的には，沈み込みプレートと上盤側プレートが押し合うために上盤側プレート内部にひずみ（または応力）がたまり，それが限界に達すると上盤側プレートが破壊してたまったひずみが解放されるものと考えられる．**1995年 兵庫県南部地震**（$M\,7.2$）はこのタイプであり，地表に地震断層（活断層）が出現している．このタイプの地震の規模はプレート境界地震より小さく，ほとんどは$M\,8.0$以下である．歴史上最大の内陸直下型地震は**1891年 濃尾地震**である．また，過去100年間に発生した$M\,7.0$以上のおもな内陸型地震には，**1905年 芸予地**

震(M 7.2)・1927 年 北丹後地震(M 7.3)・1930 年 北伊豆地震(M 7.3)・1943 年 鳥取地震(M 7.2)・1948 年 福井地震(M 7.1)・1978 年 伊豆大島近海地震(M 7.0)がある。

8.4.3 海洋プレート内地震

このタイプの地震のうち，深発地震(深さ数百 km)は深いところで起こるので陸上の地震動による被害はあまり発生しない。しかし，海溝付近で起こる地震は，まれに大きな津波をもたらす。**1933 年 三陸沖地震**(M 8.1)や **1953 年 房総沖地震**(M 7.4)がその例である。さらに，海溝よりもやや内陸側の海洋プレート内で起こる地震として，**1993 年 釧路沖地震**(M 7.8)・**1994 年 北海道東方沖地震**(M 8.1)などがある。これらの地震は陸地に近いだけに大きな被害をもたらす。

8.4.4 地 震 災 害

地震発生の直接原因となった断層を**震源断層**という。この震源断層に沿う地殻の破壊によって直接生じる**地震波**には **P 波**と **S 波**がある。P 波は**縦波（疎密波）**と呼ばれ，波を伝える媒体（岩石や土）が波の進行方向に疎・密になりつつ振動する。これに対して S 波は**横波**と呼ばれ、波を伝える媒体が波の進行方向に直角に振動する。これらの地震波は地質構造の境界面に当たって進行方向が変わったり，さらに地質構成の硬軟によって増幅または減衰し，複雑な波動となって伝わるが，距離が進むに従って減衰し，地震動は小さくなる。P 波の伝播速度は S 波のそれよりも大きいので，ある場所にはまず P 波による地震動が生じ，しばらくしてから S 波による震動が生じる。通常，地震の際に，初めがたがたとした小刻みな揺れがある。これが P 波による**初期震動**である。続いてぐらぐらとした大きくゆっくりした揺れとなる。これが S 波による**主要動**である。地震による災害の多くは S 波による横揺れによって発生する。

地震動の強さの程度を表したものを**震度**と呼び，その大きさの違いを**表 8.2**に示す**気象庁震度階級**で表す。計測震度計と呼ばれる計器で観測した値を表の**計測震度**に当てはめて，それに該当する**震度階**を求め，それを震度として発表する。

表 8.2 気象庁震度階級関連解説表

計測震度	震度階級	人間	屋内の状況	屋外の状況
―0.5	0	人は揺れを感じない		
―1.5	1	屋内にいる人の一部が，わずかな揺れを感じる		
―2.5	2	屋内にいる人の多くが，揺れを感じる。眠っている人の一部が，目を覚ます	電灯などのつり下げ物が，わずかに揺れる	電線が少し揺れる
―3.5	3	屋内にいる人のほとんどが，揺れを感じる。恐怖感を覚える人もいる	棚にある食器類が，音を立てることがある	
―4.5	4	かなりの恐怖感があり，一部の人は，身の安全を図ろうとする。眠っている人のほとんどが，目を覚ます	つり下げ物は大きく揺れ，棚にある食器類は音を立てる。座りの悪い置物が，倒れることがある	電線が大きく揺れる。歩いている人も揺れを感じる。自動車を運転していて，揺れに気付く人がいる
―5.0	5弱	多くの人が，身の安全を図ろうとする。一部の人は，行動に支障を感じる	つり下げ物は激しく揺れ，棚にある食器類，書棚の本が落ちることがある。座りの悪い置物の多くが倒れ，家具が移動することがある	窓ガラスが割れて落ちることがある。電柱が揺れるのがわかる。補強されていないブロック塀が崩れることがある。道路に被害が生じることがある
―5.5	5強	非常な恐怖を感じる。多くの人が，行動に支障を感じる	棚にある食器類，書棚の本の多くが落ちる。テレビが台から落ちることがある。タンスなど重い家具が倒れることがある。変形によりドアが開かなくなることがある。一部の戸が外れる	補強されていないブロック塀の多くが崩れる。据付けが不十分な自動販売機が倒れることがある。多くの墓石が倒れる。自動車の運転が困難となり，停止する車が多い
―6.0	6弱	立っていることが困難になる	固定していない重い家具の多くが移動，転倒する。開かなくなるドアが多い	かなりの建物で，壁のタイルや窓ガラスが破損，落下する
―6.5	6強	立っていることができず，はわないと動くことができない	固定していない重い家具のほとんどが移動，転倒する。戸が外れて飛ぶことがある	多くの建物で，壁のタイルや窓ガラスが破損，落下する。補強されていないブロック塀のほとんどが崩れる
	7	揺れにほんろうされ，自分の意志で行動できない	ほとんどの家具が大きく移動し，飛ぶものもある	ほとんどの建物で，壁のタイルや窓ガラスが破損，落下する。補強されているブロック塀も破損するものがある

表の気象庁震度階級は1996年に約50年ぶりに改正したものである。それまでの震度階級5と6の両方に，強・弱を加えて細分したものである。また，そのとき以来震度階級の決定を計測震度計による測定に基づいて行うようになった。それまでは体感および地震後の現地被害調査などによって決定していたために震度発表が地震発生の数日後であったが，現在は発生数分後に震度階級が発表されるようになった。

　地震による構造物の被害には，構造物それ自体が地震動に耐えきれなくて倒壊する場合と，地盤の支持力が失われたり地盤自体が沈下や流動を起こしたために構造物が壊れる場合がある。最近では，構造物の耐震設計技術が進歩したため前者の場合の被害は減り，むしろ後者の被害が目立つようになった。埋立地や造成盛土地のように，施工の仕方によっては緩くて地震時に変状を生じやすい地盤が増加したことがその一因となっている。その被害形態には，緩い砂地盤の液状化，自然・切土斜面や盛土法面(のり)の崩壊，造成地の沈下や地割れ，軟弱粘性土地盤の沈下などがある。

　海岸部では**津波**による被害が発生することがある。海域の地震によって海底が急に隆起または沈降した場合，海水面が海底とともに上昇または下降し，そのエネルギーが波となって伝わって海岸部を襲うのが津波である。津波は海面から海底までの水がすべて運動するだけに，そのエネルギーは通常の波浪よりもはるかに大きく，津波の速さは水深の平方根に比例する。太平洋では，その平均深さが約4 000 mであるから，津波の速さは時速約700 km（秒速200 m）とジェット機なみとなる。1960年に起きたチリ南部沖巨大地震の際には，それによる津波が約22時間後には日本を襲い，太平洋各地で多数の死者がでた。

8.5 活　断　層

　わが国における地震の多くは，少数の火山性のものを除いて，大部分が断層の活動によるものであり，地震時に活動し変位を生じたものは**地震断層**と呼ばれている。それらの中で**活断層**と呼ばれるものは，第四紀以降，特にその後半（大よそ50〜100万年前以降）に活動したことのある断層で，現在もなお活動

しつつあって，今後も動く可能性が大きいと推定される断層をいう．1960年代に入ってから，活断層の調査が急速に進展し，地形学的・地質学的調査，古地震の記録などの検討の結果，詳細な活断層分布図が作成されている．**図8.**

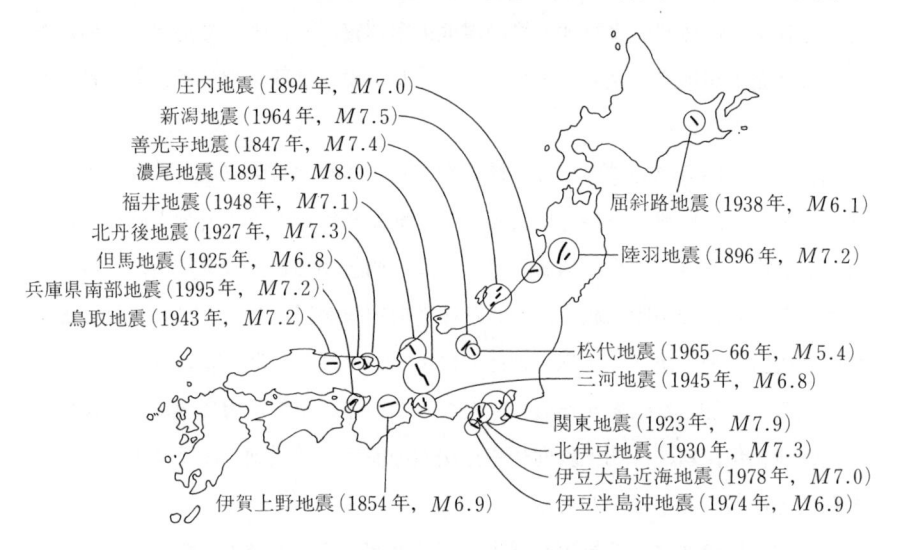

庄内地震(1894年, $M7.0$)
新潟地震(1964年, $M7.5$)
善光寺地震(1847年, $M7.4$)
濃尾地震(1891年, $M8.0$)
福井地震(1948年, $M7.1$)
北丹後地震(1927年, $M7.3$)
但馬地震(1925年, $M6.8$)
兵庫県南部地震(1995年, $M7.2$)
鳥取地震(1943年, $M7.2$)
屈斜路地震(1938年, $M6.1$)
陸羽地震(1896年, $M7.2$)
松代地震(1965〜66年, $M5.4$)
三河地震(1945年, $M6.8$)
関東地震(1923年, $M7.9$)
北伊豆地震(1930年, $M7.3$)
伊豆大島近海地震(1978年, $M7.0$)
伊賀上野地震(1854年, $M6.9$)
伊豆半島沖地震(1974年, $M6.9$)

区 分	1000年間の平均変位速度 S	例
AA 級	$100\,\mathrm{m} > S \geq 10\,\mathrm{m}$	日本海溝沿いの断層 南海トラフ断層 相模湾断層 サンアンドレアス断層
A 級	$10\,\mathrm{m} > S > 1\,\mathrm{m}$	中央構造線 糸魚川-静岡構造線中央部 阿寺断層 丹那断層 跡津川断層
B 級	$100\,\mathrm{cm} > S \geq 10\,\mathrm{cm}$	立川断層 深谷断層 長町-利府断層
C 級	$10\,\mathrm{cm} > S \geq 1\,\mathrm{cm}$	深溝断層 郷村断層 吉岡断層

図8.14 地表地震断層を伴う被害地震（1845年以後）とおもな活断層の平均変位速度区分

8.5 活断層

14に地表地震断層を伴った被害地震の分布とおもな活断層の平均変位速度区分を示した。

8.5.1 活動の型による種別

活断層の活動の仕方はつぎの三つに大別される（**表8.3**）。

① 周期的に地震を伴う変位を生じ，その間に長い休止期間のあるもの
② クリープ的に常時ずれ動いているもの
③ 上記の①と②の二つの性質を共有しているもの

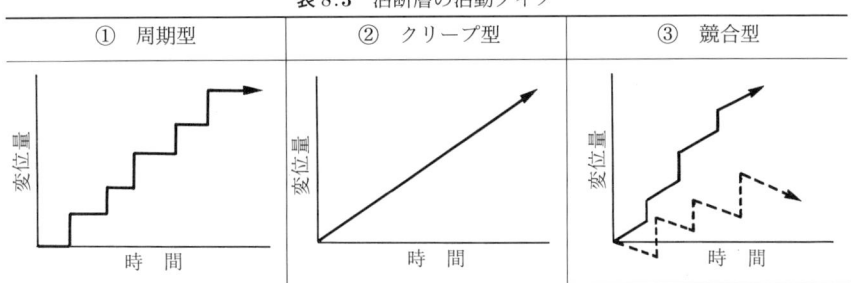

表8.3 活断層の活動タイプ

① 周期型	② クリープ型	③ 競合型
変位量／時間	変位量／時間	変位量／時間

　表の①に示されるものが最も一般的のようであるが，1回の地震での動きはせいぜい数十cmから大きくても数mのオーダであり，それらの時間間隔は短かくて，活動的なものでも1000年程度である。わが国における活断層はほとんどこのタイプ①のようである。タイプ②のものは地震と関係なく常時移動しているもので，アメリカのカリフォルニア州の有名なサンアドレアス断層の一部にこのタイプのものが認められている。変位速度は年間mm程度のオーダである。わが国ではまだこのタイプのものは知られていない。タイプ③は上記二つの性質をあわせ持つもので，地震時変位とクリープ変位の方向が逆のものもあるとされてる。わが国の房総半島以西の太平洋側に突出した岬が，このような動きをすることで知られている。すなわち，地震時には急激に上昇するが，地震と地震の間はむしろ沈降し，合計はプラスが大で隆起傾向にある。

8.5.2 変位速度による種別

活断層は，その平均的な変位速度によって，AA，A，B，Cの四つのクラスに分けられている．すなわち

- ＡＡクラス　　変位速度　10〜100 m/1 000 年
- Ａクラス　　　変位速度　1〜 10 m/1 000 年
- Ｂクラス　　　変位速度　0.1〜 1 m/1 000 年
- Ｃクラス　　　変位速度　0.1m 以下/1 000 年

図 8.14 に示したおもな活断層については，一応 AA，A，B，C のクラス分けが行われている．すなわち，かなり活動的な A クラスの活断層でも 1 000 年にせいぜい数 m の変位量である．しかし，かりに 1 回の地震で 2 m の変位を生じ，地震が 1 000 年に 1 回生じるものとしても，このような活動が第四紀の後半で約 100 万年間継続すれば，2 000 m の地盤の食い違いを生じることになる．

第9章 環境地質

9.1 地球環境
9.1.1 地盤環境汚染

1700年代の中期に起こった産業革命以来,工業の発展にはめざましいものがある。これまでに,重工業を初めとしていろいろな工業が発達し,また種々の金属の精錬が行われるようになって,いろいろな元素が自然の濃度レベルを超えて自然界に放出された。

室住は,グリーンランドの積雪を慎重に調べた結果,1750年ごろから鉛の量が増え始めたことを明らかにしている。つまり,産業革命とほぼ同時に地球は人為的に汚染され始めたと考えてよいであろう。

わが国においても足尾銅鉱山による汚染,水俣の有機水銀汚染,富山県神通川流域のカドミウム汚染(イタイイタイ病)など**重金属汚染**による被害が発生した。これらは,人為的に生産した重金属が許容値を超えて人体に摂取され,公害病の原因となった例である。1975年7月には,東京都江戸川区,江東区一帯に六価クロム鉱滓(さい)が捨てられていたことが発覚し,社会的問題となったことがある。

エネルギー源として石油が使用されるようになってからは,石炭を使用していた時代とは違って,石油からいろいろな物質が製造されるようになった。これらの物質のほとんどは,もともと自然界には存在しておらず,動物にそれらが摂取されると発がん性を示したり,免疫性や生殖機能の低下を起こすことが

徐々にわかってきた。その代表的な物質は**ポリ塩化ビフェニール（PCB）**や**ダイオキシン**に代表される有機塩素系化合物である。また，これらの物質や除草剤，殺虫剤などには**内分泌かく乱化学物質**（いわゆる，環境ホルモン）と呼ばれる物質が含まれていることがわかってきた。これらの物質はホルモンと似た作用を持ち，正常なホルモン作用の妨げになるので人類生存の危機とまでいわれている。また，衣類に付着した油のクリーニング剤として，また電子部品の洗浄に使用されてきた有機塩素系化合物の有機溶剤が地中に流されている実態が徐々に明らかにされてきている。これら有機溶剤もまた発がん性などを持つ危険な物質である。

9.1.2 地球環境と地盤環境

地球の環境は，徐々に，またときには急激に変化したと考えられる。いまから約6 500万年前の白亜紀には，地球に大きな環境変化が起こったとされている。このとき恐竜を初め，当時生存していた生物種の75％が絶滅したとさえいわれている。このときの地球の環境変化がなにによって引き起こされたかは，いまもって完全には証明されていないが，大いん石衝突説が有力視されている。このような急激な環境変化は生物の生存そのものを脅かす結果につながる。

環境変化が生物の進化に重要な役割を果たしているのは事実である。ただし，環境変化によって新種（突然変異）が生まれるというのではない。自然界の仕組みによってつねに突然変異が起こっているが，ほとんどの突然変異種はそのときの環境に適合しないため淘汰されてしまうと考えたほうがよいのであって，種が絶滅するほど大きな環境変化でない場合には，その環境変化のもとでうまく適合する突然変異種が生き延びることになろう。人類の歴史においても，このような突然変異が何度か起きたことは明らかである。そして，これまでの地球の歴史上で最後の突然変異種がホモサピエンス（新人）ということになるのであろう。ホモサピエンスはホモエレクツスと呼ばれる原人から進化した種と考えられており，地球上に現れたのは，約4万年前と考えられている。ネアンデルタールエンシス（旧人）もまたホモエレクツスから発生したとされ

ており，約3万年前に突然に地球上から姿を消した．ネアンデルタールエンシスはホモサピエンスとしばらくの間共存したと考えられている．また，ホモサピエンスはウルム氷期を経験している．すなわち，現人類は少なくとも氷河時代を乗り越えてきている．

これらのことは地球上の生物史の一部であり，化石の発見や地層の堆積年代の測定なくしてはわからないことである．ここに，地史の大きな意義がある．また，地史を学ぶ者は，このような地史を単に知識として持つのではなく，過去-現在-未来のつながりという観点から地史の内容を捉えることが重要である．環境地質に関連して，過去に起こった環境の変化と種の絶滅や突然変異の解明は，今後の地球やヒトを含む種々の生物の生存を考えるうえできわめて重要である．

現在における地球の環境変化は，人間活動によって起こされた環境破壊と環境汚染という地球史におけるまったく新しい形のものであるが，環境が急激に変わるという点においては，6500万年前と必ずしも違わない．しかし，氷河期を乗り越えてきた多くの生物種が，今後も続くだろう急激な人為的環境変化を乗り越えられるかどうかという点では，かつて経験のない問題に直面しているといっても過言ではないであろう．

9.1.3　地球環境の保全

重金属汚染による公害が過去に引き起こされたことを述べた．しかし，重金属の中の多くの種類は人体が正常な機能を持つために必要な元素であり，これら重金属の摂取が適正値以下になると欠乏症となることも忘れてはならない．表9.1に示すように，必要以上に摂取しても欠乏しても人体に害を及ぼすのである．つまり，クリーンな地球とは，自然状態，すなわち人為的に汚染されていない環境を意味するのであって，決して必要以上にきれいにすることではないし，もちろん汚してよいものでもない．すなわち，自然にすべての物質が系として均等化していることが大切なのである．環境保全の必要性はまさにこの点を考えることによって意味が明らかになる．

表9.1 重金属などの元素によって起こる欠乏症と中毒症

元素	欠乏症	中毒症
クロム Cr	関節硬化症	腎臓環状壊死
銅 Cu	貧血症，色素欠乏，成長阻害，動脈硬化	銅代謝異常，肝硬変
フッ素 F	骨粗鬆症	歯斑病
鉄 Fe	貧血症	胃腸炎
マグネシウム Mg	カルシウムとカリウムの不均衡	筋肉減退
リン P	虚弱体質，骨痛，くる病	腎臓と肝臓の障害
カリウム K	低カリウム血症，筋肉減退	下痢症，尿毒症
亜鉛 Zn	食欲不振，成長阻害	被刺激性，吐き気

9.1.4 原子力発電所からのごみ

原子力発電によって排出される放射性廃棄物の処分をいかに行うかが世界的に問題となっている。放射性元素は，その危険性がなくなるまで，長いものでは1万年余りも必要とする。したがって，1万年以上もの間，廃棄物を人や生物から隔離しておく必要がある。このような使用済核燃料は**高レベル放射性廃棄物**と呼ばれ，作業服などわずかに汚染されたものは低レベル廃棄物と呼ばれる。

高レベル廃棄物を処分する方法として，これまでにいろいろな案が出された。この中には，ロケットに積み込んで宇宙に放出する，あるいは太陽に打ち込むとか，海溝に捨てて地球内部に戻そうといったものも含まれる。最近では，放射性廃棄物を地中深くに埋設処分するのが適切であるとの見解がある。この方法は**地層処分**と呼ばれており，アメリカ，カナダ，スウェーデンなどではその方法についてかなり以前から研究が行われている。

9.2 地盤と地下水汚染

9.2.1 地盤と水

地球上に存在する水のうち，95.1％は海水で，残りの4.9％が真水である。真水のうち，極地方に雪と氷として存在する割合が31.4％，地下水が68.4％，そして湖や河川水はわずかに0.2％である。このように，真水のう

ちで地下水の占める割合は大きい。

その地下水は，森林保全に不可欠な水分の供給源となっている。見方を変えると，大地は地下水を貯えると同時にその浄化を行い，枯れ葉を無機栄養塩に分解する微生物にとってよい住みかをも提供している。このようにして生成された無機栄養塩は植物の栄養となるだけではなく，すべての海洋動物の**食物連鎖**のもとになる海洋性プランクトンの栄養源となっている。また，森林が光合成によって作る酸素はすべての生物に必要であり，植物が吸収する二酸化炭素は地球の気候にも影響している。地球の長い歴史の中で，急激な変化を除いたとしても，このような連鎖的な作用が少しずつ変化をしながら現在に至っている。その変化に対応して，生物の進化が起こり，また変化に耐えられなかったある種の生物は絶滅した。

地下水の保全が重要な理由の一つには，このような地球規模の生態系保全と環境保全にある。地下水の枯渇によって起こる砂漠化や地下水汚染による生態系の変化が，地球規模の環境変化につながる恐れがあるからである。もう一つ重要なことは，私たちが飲んだり使用する水の安全性の確保にある。地下水の質の悪化は顕在化しており，これ以上の地下水汚染は，人の健康を脅かす原因となる。

9.2.2 汚染物質と汚染状況

種々の汚染物質が最終的に人に摂取される経路を**図 9.1** に示す。この経路の中で地盤と地下水汚染の影響は深刻なものである。地盤や地下水の汚染は，野菜，肉，水産物などに蓄積され，最終的に人体に蓄積される。例えば，重金属，ダイオキシン，PCBなどは，食物連鎖によって人体に摂取されるときの濃度が，地盤中でのそれに比べて数千〜数万倍にもなるといわれている。このように，人の健康に大きく関わる地盤汚染は，物の生産過程で生じる廃棄物，不要となった製品・部品，家庭ごみなどが原因であり，すべて人為的なものである。

わが国の地盤や地下水汚染は，これまでの廃棄物処分の方法が不適切であったために起こっている。つまり，時代が経つにつれて廃棄物の種類と量が大幅

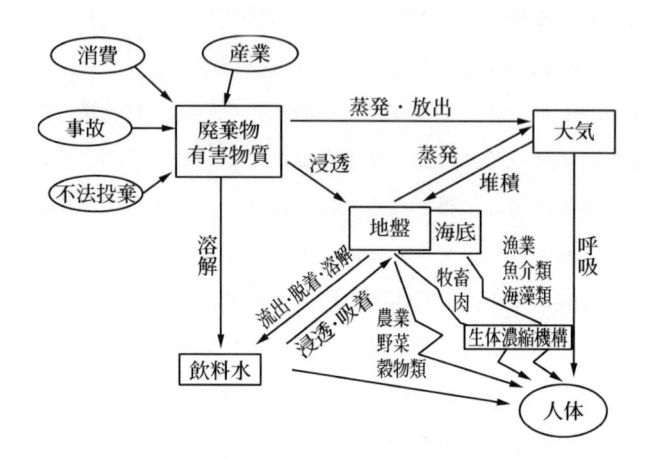

図9.1 有害物質が人に摂取されるまでの経路

に増え，多種の有害物質が含まれるようになったにもかかわらず，その処分方法が大型化するのみで質的には変わらなかった点にある．最も重要な点は，自然界に存在しない物質が生産され，それらが自然界に無防備のまま放出されたことである．自然界に存在しないこれらの物質の多くが人間にとって猛毒であるにもかかわらず，規制やガイドライン作りが遅れたために，廃棄物の危険性に対する国民の認識不足を招いたことは否めない．ダイオキシンやPCBの危険性は専門家の間ではかなり前からわかっていたが，わが国で大きな社会的な問題となったのはつい最近の1997年ごろである．

9.3 ダイオキシン類
9.3.1 ダイオキシン

ダイオキシンは，その猛毒によって，現在最も危険な汚染物質の一つとされている．ダイオキシンとは，ポリ塩化ジベンゾ・パラジオキシンおよびポリ塩化ジベンゾ・フランの総称であって，それぞれ75種類および135種類の構造異性体がある．異性体とは，同一の分子式で表せるものの，性質の異なる化合物のことである．図9.2はダイオキシンの構造式である．ダイオキシン類は，有機化合物の製造工程の副産物として，また有機塩素化合物を燃やすことによ

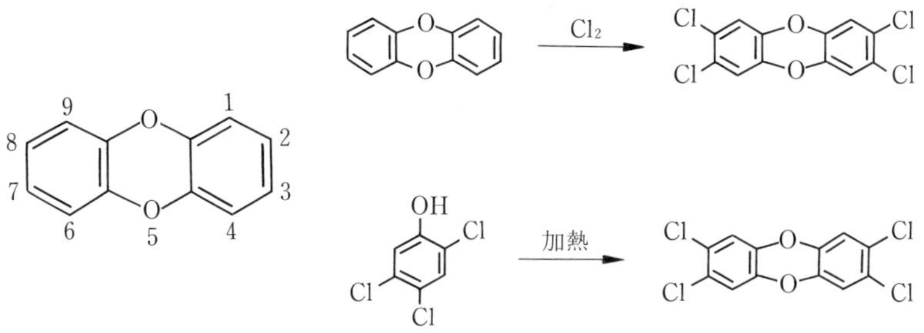

(a) 基本構造　　　　　　　　　　(b) おもな生成反応

図 9.2 ダイオキシン（ジベンゾ-パラ-ジオキシン）の構造と置換位置

って発生する。実際には，家庭から出されたごみの焼却によって発生する量が最も多い。1997 年以前は，わが国のダイオキシン発生量は，アメリカの約 30 倍にものぼり世界一であった。これは，わが国の廃棄物政策の立ち後れを象徴する結果となった。最も毒性が強いものは，青酸カリの約 1 万倍の急性毒性を持つといわれている。

9.3.2　ダイオキシン汚染の歴史

ダイオキシンは，1960 年代後半から 1970 年代前半のベトナム戦争でアメリカ軍が使った枯れ葉剤に含まれていた。それが原因で胎児奇形が発生したことにより，高い発がん性を示すことが明らかになった。その後の動物実験でも，発がん性，生殖毒性，発育不全，免疫毒性などを示すことが明らかになっている。これまで，ダイオキシンによる汚染事件は数多く起こっており，世界各国で安全基準などが見直されている。わが国では，1983 年に都市ごみ焼却場からダイオキシンが検出されている。

1997 年になって，全国のごみ焼却場の排出灰について厚生省（現 厚生労働省）が調べたところ，全国の 72 施設から出された灰に基準値の最大 12 倍の濃度のダイオキシンが含まれていた（朝日新聞，1997 年 4 月 12 日報道）。このことを契機に，焼却場の改善を義務づけることになった。現在の排出規制基準値は，焼却灰 1 m^3 当りのダイオキシン量で 80 ng(ナノグラム)以下である。なお，1 ng は 1 億分の 1 g である。

9.3.3 ダイオキシン類の摂取

私たちは，食物，水，大気，土などからダイオキシンを摂取している。最も多いのは食物を通してである。つまり，食物汚染が顕在化している。わが国では，1日当り，体重1kg当り，**毒性等価換算量**で10 pg（厚生省）および5 pg〔環境庁（現 環境省）〕（1 pg（ピコグラム）は1兆分の1 g）を耐容値として定めていたが，1999年になって両省が統一して，4 pgとした。

わが国の一般的な生活環境で，大都市生活者は毎日体重1 kg当り，0.52から3.53 pgほど摂取しているという推定結果がある。毒性等価換算量とは，ダイオキシンで最も毒性が強い2,3,7,8-TCDDを基準の1としたとき，そのほかのダイオキシン類の毒性を評価するための係数である。

当然のことながら，汚染されている都会とそうでないところでは，大気および土からの摂取量が異なる。また，ダイオキシンも生体濃縮されることがわかっている。大地からは皮膚を通して，また経口によって摂取されるが，大都市部と汚染のない地域では摂取量が約2倍違うといわれている。**図9.3**は，わが国の中小都市域において魚介類を多く摂取する場合の，日平均摂取量（体重1 kg当りのTEQ）の推定値を示している。この図から，食物に比べてほかの経路により摂取される量が非常に少ないことを示している。特に，水から摂取される量はきわめて少ない。つまり，人のダイオキシン汚染で最も重要なのは生体濃縮作用である。

計 3.555 pg-TEQ/kg/day

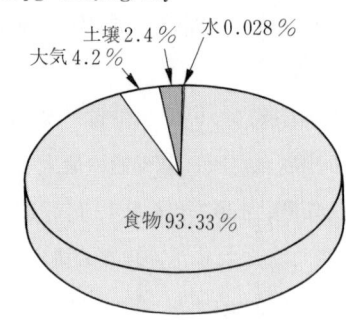

土壌 2.4%　水 0.028%
大気 4.2%
食物 93.33%

図9.3 中小都市域で魚介類を多く摂取する場合のダイオキシン類摂取量の推定〔牧谷：廃棄物学会誌, 8, pp. 279〜288（1997）〕

PCBには209種類の構造異性体が存在し，そのうち生体作用が強いとされる10種類が毒性評価の対象になっている。これらは，製品中にも含まれるが廃棄物の焼却によっても生成するので，ダイオキシンと同様に広域環境汚染を引き起こしている。また，PCBはダイオキシンより高い**生体濃縮**を起こすことがわかっている。例えば，台湾のある海岸付近の蟹の肝膵臓に含まれるPCB濃度は周辺土の濃度の約3 000倍にもなることが調べでわかっている。つまり，近海で採れる魚介類には汚染物質が多く含まれており，海底での生体濃縮作用が著しく進んでいる。

9.4 廃棄物と地盤汚染

産業廃棄物の種類は，産業の種類によって違う。明らかに有毒な物質は処理されるが，有害物質を含む多くの廃棄物はそのまま焼却または処分されることが多い。

一般消費廃棄物は家庭から排出されるごみであり，家庭ごみの処分場にはありとあらゆる化合物が含まれている。したがって，有害物質の種類がきわめて多いのが一般消費廃棄物の特徴である。一般には，産業廃棄物のほうが家庭ごみより危険であるとの誤った認識がある。しかしながら，家庭ごみの焼却灰には特定できないさまざまな有害物質が含まれており，それらが自然に化合して新しい化合物が生成されている恐れもある。これまでに焼却灰が埋立処分されてきた場所では，長年の間に有害物質が溶け出して地盤中に浸透する恐れがある。

猛毒ではないが，**重金属**もまた有害となりえる物質である。重金属とは比重が4以上の金属のことを指す。したがって，多くの金属が重金属の部類に入る。重金属は焼却してもそのまま残り，重金属が含まれているごみを燃やせば，体積が減る代わりに重金属の濃度が高くなる。したがって，安全な処分をしないかぎり，その後起こるであろう生体濃縮作用の結果より危険な状況となる。

ある重金属が地盤中にどの程度含まれていたら有害なのかという問題は非常

にやっかいである。これを判断するために，人為的に汚染されていない地盤中の重金属濃度を測定する方法がある。人為的に汚染されていない自然状態における土に含まれている元素の濃度をバックグラウンド値という。**表 9.2** は湾内堆積物のいろいろな元素に対するバックグラウンド値を示す。場所によってバックグラウンド値は相当異なるが，この程度の濃度であれば自然界における生体濃縮作用を考えても安全レベルと考えられる。

表 9.2　重金属などのバックグラウンド値

海域	No	位置	鉄〔g/kg〕	アルミニウム〔g/kg〕	チタン〔g/kg〕	銅〔mg/kg〕	亜鉛〔mg/kg〕	バナジウム〔mg/kg〕	リン〔mg/kg〕
大阪湾	10	34-39-00N 135-21-04E	36-40	82-88	3.1-3.8	18-35	93-104	60-74	498-614
	4	34-34-04N 135-21-28E	38-44	77-100	3.5-4.1	16-21	70-94	63-73	499-559
	1	34-27-17N 135-09-54E	17-28	20-50	2.2-3.3	15-28	80-130	45-60	290-400
	2	34-24-54N 134-59-42E	25-28	57-68	2.4-2.5	7-9	—	45-60	230-250
東京湾	2	35-34-50N 139-47-45E	32-43	26-58	3.1-4.2	40-53	100-150	95-100	600-650
	1	35-35-00N 139-54-48E	28-36	45-58	2.6-3.0	15-27	—	80-90	300-380
	4	35-25-00N 139-42-12E	22-35	38-65	1.9-2.9	12-15	—	60-85	260-400
広島湾	1	34-05-05N 132-21-08E	27-33	58-69	2.9-3.7	11-15	64-79	51-63	492-584
鹿児島湾	1	31-32-06N 130-35-54E	34-40	86-93	3.3-4.0	9-10	52-55	49-52	565-570
最小-最大			17-44	20-100	1.9-4.2	7-53	52-150	45-100	230-650
平均			30.5	60	3.05	30	101	72.5	440

すでに投棄されてしまった廃棄物による汚染も深刻である。その実態から廃棄物そのものが危険なものとされ，廃棄物処理や処分方法に対する信頼性も薄くなり，処分場の確保に困難を来しているのが現状である。しかしながら，毎年出される全廃棄物の量は，国民一人当りにして約 5 t にものぼる。たとえ，

9.4 廃棄物と地盤汚染

これらの廃棄物の大部分が焼却減量されたとしても，最終処理しなければならない焼却灰は相当な量になる。

廃棄物と汚染の種類についておもなものをまとめると，**表9.3**のようになる。産業活動によって発生するごみが産業廃棄物と呼ばれるもので，原料の残り，副産物，洗浄液，不良品，廃液，排ガスなどである。このような廃棄物に含まれる有害物質の特定は比較的簡単である。

表9.3 各種廃棄物とその特徴

	業　種　別	呼　び　名	特　　徴
産業活動	重工業，化学工業，鉱業，製紙業，電子・電気工業	産業廃棄物 廃液	有害物質の特定が比較的簡単（重金属・有機塩素系化合物など・PCB・シアン化物など）
	建設業	建設廃棄物	木材，コンクリート片などのがれき
	農業		肥料・農薬汚染
消費活動	家庭ごみ	一般廃棄物 廃液	ありとあらゆる有害物質が含まれているので，ごみの完全分別がされない限り，特定は不可能
ごみ焼却		焼却灰	ダイオキシン・重金属
下水処理		汚泥	重金属
不法投棄			あらゆる物質（特定が可能な場合とそうでない場合がある）
その他	事故・災害	災害廃棄物	油汚染など

農業による地盤と地下水汚染は，肥料と農薬の使用による。肥料に含まれる窒素による地盤汚染や地下水汚染も深刻であるが，除草剤や殺虫剤に含まれる内分泌かく乱化学物質（環境ホルモン）が社会的に問題化している。

家庭から出される一般消費廃棄物には，残飯（生ごみ），生活用品，化粧品，電子・電気製品，家具など多種多様なものが含まれている。そして，生ごみを除く用品・製品の多くには有害物質が含まれている。しかし，どのような有害物質が含まれているかよくわかっていないのが現状である。また，わかっていても表示されていない場合が少なくない。

このほか，業種の違いによって建設廃棄物，医療廃棄物などと呼び分けたり，災害時に発生する廃棄物を特に災害廃棄物と呼ぶこともある。

表9.4 地下水と土壌に関する環境基準

項　目	基　準　値	
	地下水	土　壌
カドミウム	0.01 mg/l 以下	検液 1l につき 0.01 mg 以下であり，かつ，農用地においては，米 1 kg につき 1 mg 未満であること
全シアン	検出されないこと	検液中に検出されないこと
鉛	0.01 mg/l 以下	検液 1l につき 0.01 mg 以下であること
六価クロム	0.05 mg/l 以下	検液 1l につき 0.05 mg 以下であること
ヒ素	0.01 mg/l 以下	検液 1l につき 0.01 mg 以下であり，かつ，農用地(田に限る)においては土壌 1 kg につき 15 mg 未満であること
総水銀	0.000 5 mg/l 以下	検液 1l につき 0.000 5 mg 以下であること
アルキル水銀	検出されないこと	検液中に検出されないこと
PCB	検出されないこと	検液中に検出されないこと
ジクロロメタン	0.02 mg/l 以下	検液 1l につき 0.02 mg 以下であること
四塩化炭素	0.002 mg/l 以下	検液 1l につき 0.002 mg 以下であること
1,2-ジクロロエタン	0.004 mg/l 以下	検液 1l につき 0.004 mg 以下であること
1,1-ジクロロエチレン	0.02 mg/l 以下	検液 1l につき 0.02 mg 以下であること
シス-1,2-ジクロロエチレン	0.04 mg/l 以下	検液 1l につき 0.04 mg 以下であること
1,1,1-トリクロロエタン	1 mg/l 以下	検液 1l につき 1 mg 以下であること
1,1,2-トリクロロエタン	0.006 mg/l 以下	検液 1l につき 0.006 mg 以下であること
トリクロロエチレン	0.03 mg/l 以下	検液 1l につき 0.03 mg 以下であること
テトラクロロエチレン	0.01 mg/l 以下	検液 1l につき 0.01 mg 以下であること
1,3-ジクロロプロペン	0.002 mg/l 以下	検液 1l につき 0.002 mg 以下であること
チウラム	0.006 mg/l 以下	検液 1l につき 0.006 mg 以下であること
シマジン	0.003 mg/l 以下	検液 1l につき 0.003 mg 以下であること
チオベンカルブ	0.02 mg/l 以下	検液 1l につき 0.02 mg 以下であること
ベンゼン	0.01 mg/l 以下	検液 1l につき 0.01 mg 以下であること
セレン	0.01 mg/l 以下	検液 1l につき 0.01 mg 以下であること
硝酸性窒素及び亜硝酸性窒素	10 mg/l 以下	
フッ素	0.8 mg/l 以下	検液 1l につき 0.8 mg 以下であること
ホウ素	1 mg/l 以下	検液 1l につき 1 mg 以下であること
有機リン		検液中に検出されないこと
銅		農用地(田に限る)において，土壌 1 kg につき 125 mg 未満であること

地下水の水質汚濁にかかわる環境基準について(環境省)
土壌の汚染にかかわる環境基準(環境省)による

わが国では，廃棄物はできるだけ焼却減量して処分量を減らす政策をとってきた。このために，先に述べたダイオキシンの問題が発生した。したがって，これまで処分した焼却灰などからの汚染が危ぐされる。ダイオキシン類は，化学的にきわめて安定している。したがって，それを分解する技術はいまだ確立されておらず，ドイツではダイオキシンが含まれている焼却灰を数百 m 下の地下トンネル内に保管しているほどである。

このような，廃棄物による汚染を防ぐために，わが国では地下水や土壌にかかわる環境基準として，**表 9.4** に示す物質に対して基準が設けられている（平成 13 年）。これらの物質は人の健康を保護し，生活環境を保全するうえで，その濃度を許容値以下に維持することが望ましいものとされている。

9.5　地盤汚染の形態

汚染物質が地下に浸入した後，それがどのように広がるか，また移動するかを調べたり予測することは，汚染物質の浄化や拡散防止対策を立てるうえで非常に重要である。そのような作業は主として汚染物質自身の特性と土質特性に関係する。

（1）　汚染はいつどこで始まったか？その規模は？
（2）　汚染物質は水に溶けるか？（水溶性か，非水溶性か？）
（3）　汚染物質は水より軽いか重いか？
（4）　汚染物質は揮発性か？
（5）　汚染対象地盤は不飽和土か飽和土か？，帯水層はどこにあるか？
（6）　帯水層における水の流れの方向と速度はいかほどか？
（7）　地層はどうなっているか？（不透水層の存在など）
（8）　土の吸着特性はどの程度か？

このような情報がわかると，汚染されている領域がある程度推定できる。

汚染物質は大別して，水溶性，半水溶性，非水溶性，揮発性物質に分けられる。また，**非水溶性物質**(non-aqueous phase liquid，**NAPLs**)は，水より軽い物質(light NAPLs，**LNAPLs**)と重い物質(dense NAPLs，**DNAPLs**)に分

けられる．ガソリンや灯油などは揮発成分を持つLNAPLsである．このような物質は，水には溶けない．また，有機塩素系化合物の1,1,1-トリクロロエタン，クロロフェノール，テトラクロロエチレン，PCBなどは水には溶けないDNAPLsである．したがって，これらの性質によって，汚染物質の地中での動きが**図9.4**のように異なる．

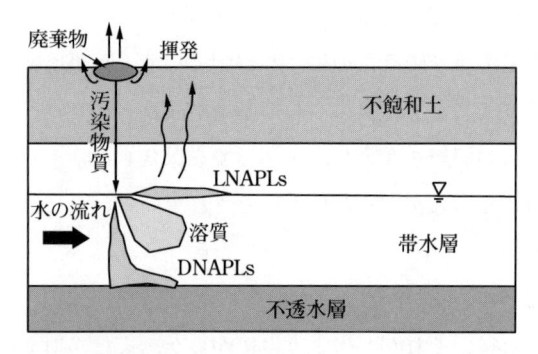

図9.4 汚染物質の地中での移動

一般には地表面近くの土は，多かれ少なかれ湿っているが，空気を含んでいる不飽和土である．不飽和土中において，ほとんどの種類の汚染浸出液は，重力の作用で下方に浸透する．揮発成分は，この過程において部分的に揮発する．

水溶性物質は地下水内に溶け込む．この場合，溶け込んだ物質は**溶質**と呼ばれる．溶質は主として地下水の流れによって移動する．この過程と同時に溶質は周りに広がる性質を持つ．溶質が地下水の流れによって移動する現象は**移流**と呼ばれる．一方，溶質濃度の高いほうから低いほうへ溶質の移動が起こる現象は**拡散**と呼ばれる．このように，水溶性汚染物質は移流と拡散によって地盤内を移動する．

地中における汚染域は**プルーム**(plume)と呼ばれ，プルームの大きさ，位置および進行方向を特定することが対策上非常に重要となる．

9.6 汚染物質の移動

前節で述べたように，汚染物質は土中で移流か拡散またはその両方によって

9.6 汚染物質の移動

移動する。土中における移流と拡散の様相は，飽和土であるか不飽和土であるかによって大きく異なる。

地表面から汚染物質が地盤内に浸入すると，それは地表付近の不飽和土中を移動することになる。その場合の汚染物質の移動は，下向きの重力作用と土粒子が水や汚染物質を引きつけようとする力の両方によっておもに決まる。後者を支配するメカニズムは土の含水比の大きさに依存することがわかっており，土粒子が溶質を引きつける力は基本的に**土のサクション力**による。土のサクション力とは土が水を保持する力であり，それには重力作用や化学力などが複雑に作用する。また，サクション力の大きさを求める試験方法は，サクション力の大きさに応じて種々考案されているが，試験の拘束条件などがあって結果の解釈が難しい。土のサクション力を表すために，つい最近までは「土のpF試験」を行い，pF値というものでその大きさを表していたが，最近では圧力（負）そのものの大きさをSI単位(Pa)で表す傾向にある。

不飽和土内では，汚染物質は溶液や蒸気の形で浸透するが，土粒子と汚染物質との吸着能や脱着能，また土の含水比が大きく影響するので，その予測は難しいとされている。

地下水位以下の土層内では地下水がゆっくりと流れている。このような土層は帯水層と呼ばれ，汚染浸出液の場合には帯水層の流れにのった移流によって汚染物質が移動する。この場合，汚染の広がる速さは地下水の流れる速さに大きく関係する。その速さはダルシーの法則で表され，一般には地下水面の勾配が大きいほど，また土粒子の径が大きいほど速い。したがって，礫や砂質土地盤では，地下水の流れは一般に速く，このような土層では地下水汚染が広がるのも速い。一方，粘土のように粒径が小さい土では，水の流れる間げきがあまりにも小さく，水分子と土粒子表面の摩擦が無視できなくなり，いわゆる摩擦損失が起こる。また，土粒子表面の静電気力により水分子を引きつけるような力が働くため，水や汚染物質の動きはきわめて遅い。このため，粘土地盤では移流による汚染領域の拡散はきわめて小さいとされている。

移流による物質移動が小さい場合には，拡散現象が相対的に重要となる。こ

こでの拡散とは，汚染物質の濃度の場所的な違いによって溶質が移動する現象で，濃度の高いほうから低いほうへ溶質が移動して汚染物質が土中を拡散していく。

図9.5は，水溶性の物質の移流と拡散を説明した図である。移流速度 v_c はダルシーの法則によって，また拡散速度 v_d はフィックの法則で表せる。すなわち

$$v_c = k \frac{\Delta h}{\Delta x} \tag{9.1}$$

$$v_d = D \frac{\Delta C}{\Delta x} \tag{9.2}$$

ここに，k は地盤の透水係数，D は拡散係数，$\Delta h/\Delta x$ は動水勾配，$\Delta C/\Delta x$ は濃度勾配である。

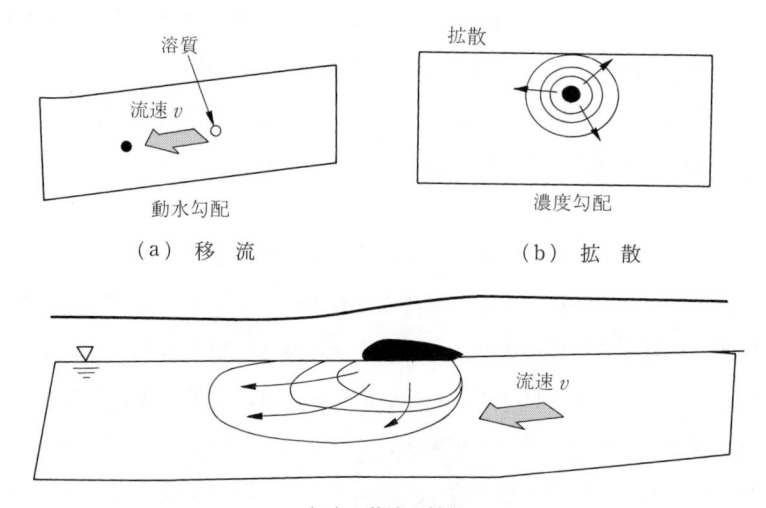

(a) 移流

(b) 拡散

(c) 移流・拡散

図9.5 地盤中での溶質の移動

ただし，実際には土粒子への溶質の吸着や脱着作用があるので，それらを考慮すると非常に難しい問題となる。土粒子への溶質の吸着や脱着作用がきわめて多くの要素に依存するからである。例えば，細粒土の場合には土粒子の電荷特性，溶質の種類と濃度，間げき水のpH，土粒子にもともと吸着している物

質などが吸・脱着能に関与する．これらの要素はさらにたがいが複雑に関係して，土粒子の電荷特性は鉱物の種類に関係する．また，pHの変化は土粒子の電荷特性を変えたり溶質に対する化学反応の原因となる．つまり，pHの変化によってある物質の沈殿が起こったり，ほかの化合物が生成したりするのである．また，土粒子への吸着は，溶質の種類によって強さが異なるので，吸着には選択的な強さの順番があることを知っておかなければならない．このことは，脱着作用の順番にも影響することになる．一般に，汚染物質（溶質）は単一種ではないので，そのことも悩ましい問題である．

このような土粒子-溶質の相互作用を考慮するかどうかは，汚染拡散の予測結果に大きな違いをもたらすであろう．したがって，廃棄物処分場の設計や放射性廃棄物の地層処分にはこの種の検討が不可欠となるのである．

汚染物質が非水溶性または揮発性物質である場合には，土の中での汚染物質の動きは水溶液の場合とは異なる．したがって，それぞれの物質について土中の動きを予測したり解析することが要求されるが，今後の研究に待つところが大きい．

9.7　地盤と地下水の浄化対策

非水溶性物質のうち，水より軽い物質は地下水面に浮いたまま移動し，また水より重い物質は移流しながら下方へ流れる．

すなわち，汚染物質の種類が特定できない場合には，その対策が立てられないので，汚染調査を行い，汚染物質を特定する必要がある．そのためには，土や地下水を採取して化学分析を行う．汚染物質が特定できたなら，その特性に応じた浄化対策が可能となる．汚染された地盤や地下水を浄化するには，以下に述べるいずれかの方法，あるいはそれらを組み合わせた方法を用いる．

9.7.1　物理的浄化方法

物理的な拡散防止および浄化方法にはいくつかある．最も簡単な方法は汚染土を除去し，きれいな土で置換することである．汚染土は廃棄物として適切に処理または処分しなければならない．一般的には，汚染拡散を防止するために

汚染域の周辺に不透水の壁を設け，非汚染域と遮断する方法が採られる。その方法のあらましを**図9.6**に示す。このような遮断壁は**バリアー**と呼ばれ，ベントナイトバリアー，土−セメントバリアーなどが使われる。また，バリアーではなく，水の浸透を許すフィルタを用いる場合がある。フィルタには汚染物質の吸着性に優れた材料が用いられることが多い。

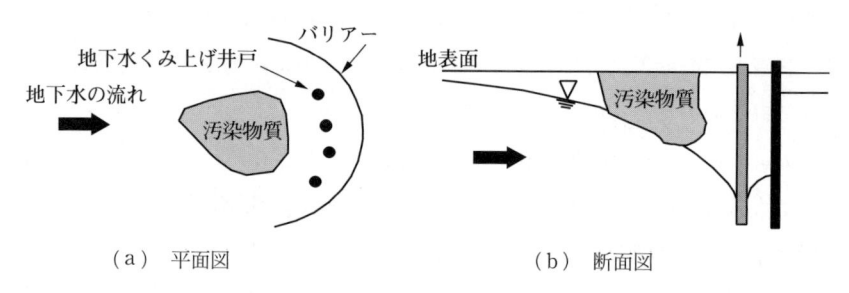

図9.6　地盤浄化のためのバリアーの概念図

　さらに，汚染土を掘削して化学的あるいは生物学的に浄化した後に，それをもとのところに埋め戻す方法も考えられている。ここでの生物学的方法とは，後に述べるように，微生物による有害物質の分解作用を意味する。

　井戸を用いて汚染地下水をくみ上げる方法もまた物理的浄化方法である。この方法は，水通しのよい土に適している。方法論的には，いくつかの組合せが考えられる。例えば，くみ上げた汚染水を化学的に処理するならば，化学的方法との組合せとなる。また，地下水の流れの上流に井戸を設置し，土と汚染物質の分離を促進するための薬剤を投入することも考えられる。あるいは，原位置で生物学的分解を期待することも可能である。この場合，空気や栄養を地中に送り込んで生物の活動を活発にする方法もある。

　重金属や電解質が汚染物質の場合，電気泳動を利用することができる。地中に正負の電極を刺し，電圧を与えることによって，陽イオンは負の電極へ，また陰イオンは正の電極へ移動させることができる。特に，この方法は水の流れが悪い粘土質の土の場合には効果的である。

　種々の汚染物質を含む土をガラス固化して無害化する技術がアメリカで開発

された。電極間に設けた初期導電性抵抗路によって土の主成分であるケイ素をまず溶融する。ケイ素が溶融するとそれが導電性となり，順次下方の土が溶融していく。この際，有害物質の気化，熱分解が起こるので，そのとき発生したガスはそれを集めて処理する。溶融した地盤内の温度は，1 600～2 000 ℃にも達する。この方法による浄化効率はきわめて高いとされており，固化率と除去率の和は，ほぼ100 %に近いことが報告されている。ただし，水分が多く含まれている土では，水分除去の必要性から余分な電力を消費することになる。したがって，地下水位より下の土層や地下水が容易に入り込んでくる土層では，地下水の遮断が必要となる。

9.7.2 化学的浄化方法

汚染物のほとんどは化合物や元素であるから，これを化学反応によって無害化しようと考えるのは当然なことである。したがって，汚染水や汚染土の安全処理に化学反応が多く用いられる。また，物理的方法との組合せとして，除去した土や水の処理方法としても化学反応が使われる。特殊な例として，土粒子が汚染物質を放出できるように薬剤を井戸に投入することが行われるが，多くの場合，土のpHを変化させる薬剤を使用する。これは，土のpHが下がると酸性化し，土粒子に吸着されている重金属などが放出されやすくなるためである。

図9.7は粘土のpHの値によって，その中に含まれる鉛の形態が変わることを示している。

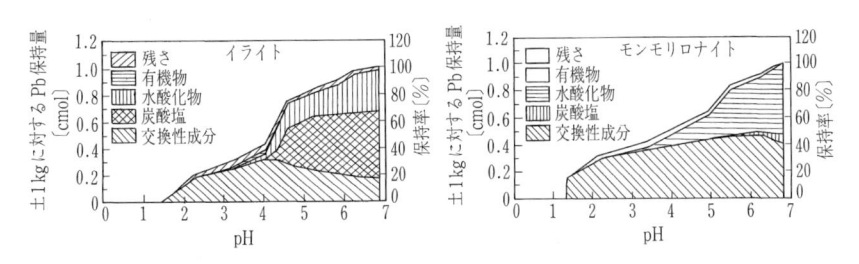

図9.7　粘土中の鉛の形態

9.7.3 生物学的浄化方法

多くの有機物は微生物によって分解される。樹木の葉が微生物によって分解され無機物に変化するのはよく知られている。また下水場処理場では，し尿中の有機物を微生物によって分解させる方法が一般的に使われている。このような微生物の作用を地盤浄化技術として使うのが，**生物浄化**(bio-remediation)技術である。

微生物の種類はきわめて多種多様であるものの，特定の有機物の分解に適している微生物は限られているから，対象とする汚染物質の分解に優れた力を発揮する種類を使用する必要がある。したがって，そのような微生物を探して培養しなければならない。さらに，それぞれの微生物はそれぞれに適した生息条件を持っている。好気性のものや嫌気性のものがいるし，また酸性を好むものやアルカリ性を好むものもいる。したがって，使用する微生物に合った条件を作ることが必要である。

微生物による分解作用の過程で，場合によっては対象となる汚染物質よりさらに危険な物質が生成することがある。したがって，分解過程の全体を把握しておくことが，生物浄化技術を使用する場合には重要である。

9.8 廃棄物処分場

地盤汚染をこれまで以上に広げないためには，適切でしかも安全な廃棄物処分の方法がきわめて重要となる。つまり，廃棄物を処分してもそこからの汚染は起こらないという保証が必要である。そのためには，処分場建設のための適切な地盤調査・設計・施工・管理が必要となる。

現在，産業廃棄物の処分形態は**安定型**，**管理型**および**遮断型**に分けられている。安定型とは，安定5品目（金属，ガラス・陶磁器，天然ゴム，プラスチック，コンクリート・煉瓦など）を素堀りの穴に処分する方法である。これに対して，管理型とは，有害物質が含まれていて，素堀りの穴では有害物質が地下にしみ出ることから，汚水漏れ用の遮水工と排水管理が義務づけられている処分方法である。また，有害物質を多量に含んでいる廃棄物の処分に対して，コ

9.8 廃棄物処分場

ンクリート壁などを用いて完全に外界と遮断する処分方法が遮断型である。わが国において紛争が多く起こり，地盤汚染が問題となっているのは多くは安定型処分場である。その主たる原因は，安定型産業廃棄物以外のものが同時に処分されていることである。したがって，安定型といえども管理型なみの処分方法を義務づけるか，または処分時の厳重なチェックを行うなどの対応が必要となっている。

管理型処分場建設のための地盤調査では

(1) 地形
(2) 地質
(3) 土質
(4) 地下水状況
(5) 隣接地への影響

などが重要な要素である。多くの廃棄物処分場はこれまで，廃棄物処分場に適しているかどうかは別にして，市街地から遠く掘削の必要がないということのみから谷地形が選ばれてきた。しかしながら，谷部は地表水が集積するところであり，処分場からの汚染の拡散などを考えると必ずしも適地であるとはいえない。

処分場の設計では，予想される事故や再汚染，または自然災害などを考慮する必要がある。さらには，処分場を造る材料の耐久性についても入念な検討をしておく必要がある。例えば，汚染漏れを防ぐために敷かれるシートの耐久性はどの程度かといった問題がある。一般に，廃棄物に含まれる化学物質の種類は特定できないので，シートに及ぼす化学物質の影響もはっきりとはわからない。したがって，シートはやがて破損するものと仮定した設計が必要になる。

廃棄物処分場の模式断面図の例を図 9.8 に示す。廃棄物の下面は不透水とすることで，浸出汚染物が帯水層へ浸透するのを防ぐことができる。そのための第一の遮蔽はシートである。シートの破損は起こりえるものと考えなければならないから，シートは二重にしてある。すべての浸出液は下方へ流れ，シートが破損していなければ汚染液はシートの上面にたまるので，これを回収し，処

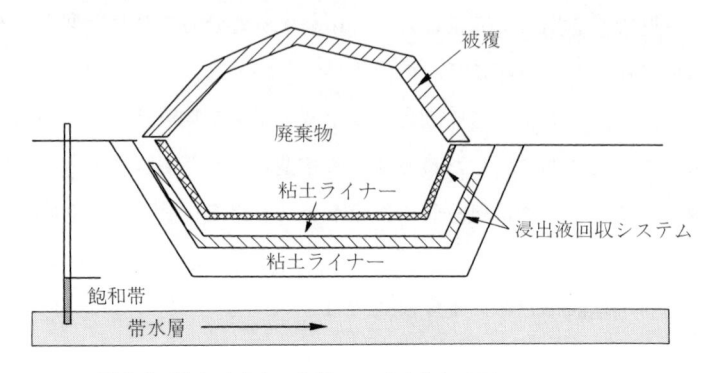

図 9.8 粘土ライナーを用いた廃棄物処分場の断面図の例

理する方式を取る．

図では，シートが物理的に破損しにくいように，また破損しても浸出液が浸透しにくいようにシートを粘土質材料（ライナー）で挟む**複合ライナー**にしてある．この粘土材料は汚染物質を吸着する能力の優れたものを用いると遮蔽効果は一段と上がる．いずれにしても，シートが破れたかどうかを知る必要があるので，それを検出するための**モニタリングシステム**を構築しておくことが必要である．もし，2枚目のシート上で浸出液が回収されれば，1枚目のシートが破れてしまったことがわかる．また，2枚目のシートが破れてもその下の不透水性粘土ライナーが汚染物質の拡散を防ぐことになる．その後の安全性は，ライナーの性質と厚さに関係する．もし，浸出液による汚染拡散が危険であると判断されれば，廃棄物はほかの処分場へ移さなければならない．したがって，処分場設計には，2枚目のシートが破損しても安全上問題とならないようなライナーシステムを考慮することが必要である．

9.9 放射性廃棄物の地層処分

放射性廃棄物には低レベルと高レベルのものがあり，前者は作業着，各種機器部品など放射能で汚染された物質であり，後者は主として核燃料の残りかすである．ここで対象とするのは，後者の場合である．放射性廃棄物に含まれる放射性元素の半減期は長いもので約1万年であるので，その間放射性廃棄物を

9.9 放射性廃棄物の地層処分

生物から隔離することが高レベル放射性破棄物の処分方法に対する基本である。

ここで，隔離という意味は放射性物質が水に溶け込んで，それが地表面に浸出しないようにすることである。そのためには，透水性のきわめて低い地層内へ埋設するか地下水位が非常に低い砂漠地帯へ埋めるのが適切と考えられている。わが国で地層処分を行うとなると，地下水位が高いこともあって前者を考えざるをえないと思われる。

カナダでは質のよい花崗岩層への放射性廃棄物の埋設が考えられている。**図9.9**は，マニトバ州のウィニペグから車で約1時間ほどのところにあるカナダ原子力研究所の全景である。ここでは，地層処分に関する研究が行われている。研究所の近くに良質の花崗岩層が存在し，実際に深さ数百mの試験孔を堀り，その中で種々の研究を行っている。

図9.9 カナダ原子力研究所

図9.10は，放射性廃棄物を埋設する地下孔の断面模式図である。放射性廃棄物はチタン製の容器内に入れられる。容器と岩の壁の間は，ベントナイト粘土と花崗岩を砕いた砂を約半分ずつ混ぜたものを締め固めて充塡する。このような材料は**バッファ材**と呼ばれる。ベントナイト粘土は，モンモリロナイトと呼ばれる粘土鉱物を主成分とし，水を含むと膨らむ性質（**膨潤性**）を持ち，乾燥クラックを生じにくく，粒子が細かく水を通しにくく，また物質を吸着する性質を有する。したがって，放射性物質の移動を遮断するには非常に適した性質を持つ材料と考えられている。なお，チタン容器の寿命は約500年と見積も

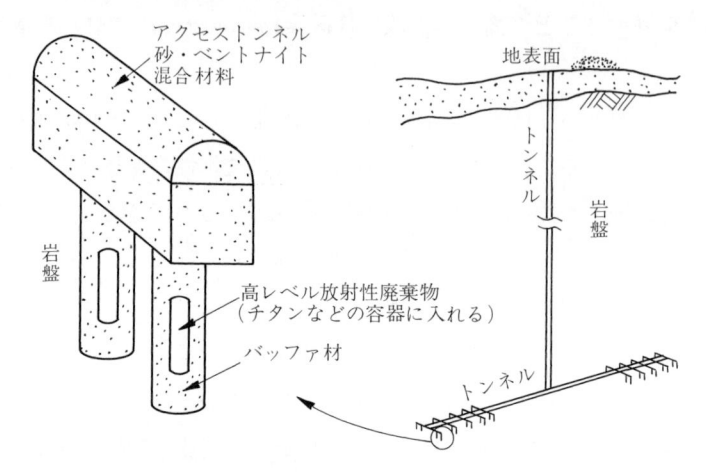

図 9.10 放射性廃棄物の地層処分の概念図

られている。廃棄物が発する熱によって，容器周辺の温度は 100 ℃ ほどになると考えられていたが，じつは 150 ℃ にまで上昇するというごく最近の説がある。100 ℃ と 150 ℃ では，水分蒸発という観点から単に温度の違いで済ますわけにはいかず，研究の抜本的なやり直しが必要となるかもしれない。

　容器を埋設してから 500 年ほど経つと，放射性物質の最初の遮断壁（チタン容器）はなくなる。もし，粘土が乾いたままであれば水の移動は起こらないので放射性物質の移動は起こらない。しかしながら，容器処分孔の周辺岩壁から水が浸出してくるので，ベントナイト-砂混合土中には水が浸透し，やがては放射性物質のところまで届くようになる。そのため，放射性物質は粘土中の間げき水中を拡散するようになる。粘土中の水の動く速度はきわめてゆっくりとしたものと考えられるが，放射性物質の半減期が非常に長いので，土木技術者がかつて考えたこともない長い時間スケールを考慮しなければならなくなった。

　埋設位置から地表面までの水の動きを考える際，その間の地層の透水性が大きなかぎとなる。半減期がきわめて長いために，岩の細かいクラックさえもが水を通す原因として重要な要素となる。このような問題を考えるとき，ある断面積に対する平均的な透水係数などを用いてはならないことは明らかである。

9.9 放射性廃棄物の地層処分

　わが国に蓄積されている放射性廃棄物は相当量にのぼるものの，現在はすべて地上に保管されている。しかしながら，地上での保管には安全上の問題があり，国際情勢を考慮するといずれは地層処分などの方法によって安全に処分する必要がある。ただし，国内の種々の状況からおそらく陸上における地層処分は難しいと考えられ，場合によっては海底下数百 m への地層処分ということも十分に考えられる。

　埋設施工は数百～千数百 m の縦孔掘削に始まり，各埋設室を造るための横孔掘削が必要となる。掘削に伴って岩盤にクラックが形成されるとそこが水みちとなるので，クラックを作らないような掘削技術が必要となる。したがって，岩盤掘削に火薬の使用は難しい。

　埋戻し材としてのベントナイト－砂の混合土は均質でなければならない。ベントナイト量を減少させるための混合用砂は同時にベントナイトの膨潤圧を緩和する役目を担うものでなくてはならない。また，ベントナイトによる膨潤圧が掘削壁を壊してはならないし，また部分的に砂のみが充填されると，そこでの水の動きは混合土に比べて数百万倍にもなる恐れがある。実際のところ，ベントナイトと砂を均質に混合するのは，必ずしも容易ではない。さらに，ベントナイト－砂混合材料は締め固められるが，締固めの程度や均質性に高い精度が要求されるであろう。また，横方向の締固め技術の開発が必要になると思われる。

　縦孔はコンクリートなどの充填によってシールが可能である。通常のコンクリートでは透水性が高すぎて水の浸透速度が速いので，低透水性のコンクリートの開発が要求される。また，放射性元素の半減期に比べてより長い期間の耐久性がコンクリートに要求されることになる。

　このほか，放射性廃棄物の処分のためには，新たな考え方や材料が開発される必要がある。そのような課題がそう遠くない将来においてわが国最大のプロジェクトになる可能性が高い。

参考文献

1章
〔1〕 土質工学会編：土質断面図の読み方と作り方，土質工学会（1986）

2章
〔1〕 丸山茂徳・磯崎行雄：生命と地球の歴史，岩波書店（1998）
〔2〕 平　朝彦：日本列島の誕生，岩波書店（1990）
〔3〕 日本列島の地質編集委員会編：理科年表読本コンピュータグラフィック日本列島の地質，丸善（1996）
〔4〕 関陽太郎：建設技術者のための岩石学，共立出版（1976）
〔5〕 鈴木隆介：建設技術者のための地形図読図入門 第1巻　読図の基礎，古今書院（1997）
〔6〕 熊木洋太・鈴木美和子・小原　昇編：技術者のための地形学入門，山海堂（1995）

3章
〔1〕 湊　正雄・井尻正二：日本列島，岩波新書963，岩波書店（1978）
〔2〕 日本第四紀学会編：日本第四紀地図解説，東京大学出版会（1987）
〔3〕 鈴木隆介：建設技術者のための地形図読図入門 第2巻　低地，古今書院（1998）

4章
〔1〕 環境庁編：環境白書平成10年版各論，大蔵省印刷局（1998）
〔2〕 地盤工学会編：地盤調査法，地盤工学会（1995）
〔3〕 地盤工学会編：土質試験の方法と解説(第1回改訂版)，地盤工学会(2000)
〔4〕 今井五郎：わかりやすい土の力学，鹿島出版会（1995）

5章
〔1〕 島　博保・奥園誠之・今村遼平：土木技術者のための現地踏査，鹿島出版会（1981）
〔2〕 町田　洋・新井房夫：火山灰アトラス［日本列島とその周辺］，東京大学出版会（1992）
〔3〕 日本第四紀学会第四紀露頭集編集委員会：第四紀露頭集［日本のテフラ］，日本第四紀学会（1996）
〔4〕 鈴木隆介：建設技術者のための地形図読図入門 第3巻　段丘・丘陵・山地，古今書院（2000）

参　考　文　献

6章

〔1〕 千木良雅弘：災害地質学入門，近未来社（1998）
〔2〕 古谷尊彦：ランドスライド，古今書院（1996）
〔3〕 土木学会編：トンネルの地質調査と岩盤計測，土木学会（1983）
〔4〕 土質工学会編：建設工事と地形・地質，土質工学会（1984）

7章

〔1〕 宇井忠英：火山噴火と災害，東京大学出版会（1997）
〔2〕 土質工学会編：雲仙岳の火山災害―その土質工学的課題をさぐる―，土質工学会（1993）
〔3〕 新井房夫編：火山灰考古学，古今書院（1993）
〔4〕 中村一明・松田時彦・守屋以智雄：日本の自然1―火山と地震の国―，岩波書店（1995）
〔5〕 鈴木隆介：建設技術者のための地形図読図　第4巻　火山・変動地形と応用読図，古今書院（2004）

8章

〔1〕 深尾良夫：地震・プレート・陸と海，岩波書店（1985）
〔2〕 松田時彦：活断層，岩波書店（1995）
〔3〕 大崎順彦：地震と建築，岩波書店（1983）
〔4〕 活断層研究会：日本の活断層―分布と資料―，東京大学出版会（1980）

9章

〔1〕 福江正治・加藤義久・小松田精吉：地盤と地下水汚染の原理，東海大学出版会（1995）
〔2〕 井口泰泉監修：環境ホルモンの恐怖，PHP研究所（1998）
〔3〕 長山淳哉：しのびよるダイオキシン汚染，講談社（1997）
〔4〕 宮崎信之：恐るべき海洋汚染―有害物質に蝕まれる海の哺乳類―，合同出版（1992）

索引

〔あ〕

浅間山	115, 116
アセノスフェア	127
圧砕岩	17
圧密	34, 61
圧密沈下	61
圧密理論	62

〔い〕

一次鉱物	48
一般消費廃棄物	151
糸魚川-静岡構造線	19
移流	156
岩なだれ	117
インターフィンガー	72

〔う〕

埋立て	9
ウルム氷期	36
運積土	18

〔え〕

鋭敏粘土	57
液状化	67
S 波	137
NAPLs	155
N 値	30, 71
LNAPLs	155

〔お〕

おぼれ谷	37
温泉余土	110

〔か〕

過圧密	83
過圧密状態	83
過圧密粘土	83
界	14
海岸侵食	55
海溝	129
海溝系巨大地震	134
塊状火山	111
海食崖	55
海食台	78
海進	38
崖錐	93
海水準	32, 36
海成層	74
海成段丘	78
海成地形	24
海退	38
外帯	19
海底地形図	7
外的営力	24
海洋底拡大説	126
海洋プレート内地震	137
外輪山	112
化学的浄化	161
化学的風化	48
化学的風化作用	90
鍵層	33
拡散	156
拡散係数	158
火口湖決壊型	117
下刻作用	36
火砕サージ	116
火砕物	115
火砕物降下	115
火砕流	115
火山	23
火山岩	14
火山砂	16
火山災害	114
火山成堆積層	80
火山地形	24
火山地帯	106
火山泥流	117
火山灰	16
火山噴出物	32
火山礫	16
火成岩	14
火成作用	18
河成段丘	75
河成地形	24
河川流入型	117
活断層	139
ガラス固化	161
カルスト地形	92
カルデラ	81, 111
環境地盤工学	4
間げき	45
間げき水	53
岩床	14
完新世	13
含水比	54
岩石	14
──のサイクル	19
岩屑なだれ	117
岩屑流	117
岩屑流型	117
関東ローム	54
関東ローム層	76, 80
岩脈	14

〔き〕

紀	12
気象庁震度階級	137
基底礫岩層	98
逆断層	100
丘陵地	23, 73
切土	9

〔く〕

クイッククレイ	57
クイックサンド現象	66
空中写真	7, 25
掘削	9
グーテンベルグ・リヒターの式	135
グリーンタフ	21

索　　　引

〔け〕

系	14
珪　岩	17
珪藻土	52
計測震度	137
結晶片岩	17
原生代	13
建設基礎工学	3

〔こ〕

広域地盤沈下	63
広域変成岩	17
降雨型	118
降下軽石	115
工学的分類	45
硬　岩	21
更新世	13
洪積世	13
後背湿地	40
高レベル放射性廃棄物	146
湖成層	75
古生代	13
古地磁気学	123
コッコリス	51
コンシステンシー限界試験	48

〔さ〕

サウンディング	69
砂　岩	16
サクション力	157
桜　島	116
砂　し	41
砂　州	41
三角州	40
産業廃棄物	151
残積土	18,49
山体崩壊	117
山　地	22
三波川帯	20

〔し〕

時間効果	35
磁気異常	123
支持力	64
地震断層	139
地震波	137
地すべり	95
地すべり地形	95
地すべり粘土	98
始生代	13
自然圧密	34
自然堤防	40
地　盤	44
地盤改良	9
地盤工学	1
地盤災害	4
地盤図	8
地盤地質学	1
地盤調査	69
地盤沈下	61
四万十帯	20
下末吉段丘	81
褶曲構造	23
重金属	151
重金属汚染	143
集団移動地形	24
周氷河地形	24
上部マントル	127
縄文海進	38
初期震動	137
食物連鎖	147
しらす	54,81
シルト	46
震源断層	137
新生界	14
深成岩	14
新生代	13
震　度	137
震度階	137

〔す〕

水和作用	90
スコリア	115
砂	46
スプリットサンプラー	71
スラッシュフロー	118

〔せ〕

世	12
正規圧密粘土	83
成層火山	107
生体濃縮	151
正断層	100
生物学的浄化	162
生物浄化	162
堰止め湖決壊型	118
石灰岩	16
絶対年代	12
セメンテーション	35
先カンブリア時代	13
扇状地	40
鮮新統	14
せん断応力	64
せん断強さ	64
せん断破壊面	64

〔そ〕

即時沈下	61
続成作用	18
側方流動	66
疎密波	137

〔た〕

代	12
ダイオキシン	144,148
第三紀	14
第三系	14
帯水層	157
堆積岩	16
堆積速度	56
堆積土	17
台　地	23,73
太平洋プレート	131
大洋中央海嶺	127
第四紀	13
大陸移動説	120
大理石	17
立川段丘	80
縦ずれ断層	100
縦波	137
多摩丘陵	81
ダルシーの法則	62
段　丘	23,73
段丘崖	76
段丘堆積層	75
炭酸化作用	90
炭酸カルシウム	51

索引

断層	100	同形置換	49	〔は〕	
断層鏡面	104	透水係数	158	廃棄物	151
断層地形	101	動水勾配	158	廃棄物処分場	163
断層粘土	104	凍土	87	破砕帯	104
断層破砕帯	104	動力変成岩	17	波食台	55, 78
〔ち〕		十勝岳	118	バッファ材	165
		土被り圧	83	バリアー	160
地殻	127	毒性等価換算量	150	半減期	30
地下水	54	土質工学	2	半深成岩	14
地下水汚染	147	土質柱状図	8, 70	磐梯山	117
地形営力	24	土砂	21	〔ひ〕	
地形図	5, 25	土壌	50		
地史	12	土層	34	被圧地下水	23
地質学	1	土層断面図	8, 71	pH	159
地質時代	13	土中水	53	PCB	144
地質図	8	土木工学	1	非水溶性物質	155
地層	33	土木地質学	2	微生物	162
地層処分	146	ドライアバランシュ	117	——による分解作用	50
秩父帯	20	トランスフォーム断層	129	左ずれ断層	100
チャート	16	土粒子	50	微地形	26
中央火口丘	112	トンネル工事	113	P波	137
中央構造線	19	〔な〕		氷河時代	13
中生代	13			氷河地形	24
沖積錐	94	内帯	19	標準貫入試験	71
沖積世	13	内的営力	24	氷食谷	36
沖積層	40	内分泌かく乱化学物質	144	氷礫土	16
中地形	26	内陸直下型地震	136	〔ふ〕	
〔つ〕		軟岩	21		
		〔に〕		フィリピン海プレート	131
土	14			風化作用	90
津波	139	二重式火山	112	風化土	17
〔て〕		〔ね〕		風成地形	24
				フォッサマグナ	19
DNAPLs	155	熱変成岩	17	複合ライナー	164
泥岩	16	ネバド・デル・ルイス火山	118	不整合	98
低地	24	年代区分	33	不整合面	75
泥流	118	年代効果	35	物理的浄化	159
テクトニクス	120	年代層序区分	33	物理的風化	48
テフラ	32	年代測定	29	物理的風化作用	90
テラロッサ	92	粘土	46	不等沈下	62
電気泳動	160	粘土鉱物	49, 51	不同沈下	62
〔と〕		〔の〕		負の周面摩擦	62
				ふるい分け試験	46
土圧	65	濃度勾配	158	プルーム	156
統	14	ノジュール	59	プレー火山	115
同位体元素	30				

プレート境界地震	135	〔ま〕		有孔虫	51
プレートテクトニクス	120			融氷雪型	118
プレート内地震	134	埋没谷	35,38	有楽町海進	38
噴出岩	14	マグニチュード	135	有楽町層	38
		まさ	91	ユーラシアプレート	131
〔へ〕		まさ土	49,91		
		マントル	122	〔よ〕	
ベースサージ	116	マントル対流説	122	溶解作用	90
偏圧	94			溶岩円頂丘	111
変成岩	17	〔み〕		溶岩流	116
変成作用	17			溶質	156
変動地形	24	右ずれ断層	101	横ずれ断層	100
ベントナイト粘土	165	乱さない試料	57	横波	137
片麻岩	17	三原山	117		
片理	17	三宅島雄山	116	〔り〕	
				リーチング	54
〔ほ〕		〔む〕		リスク評価	11
ボイリング	66	武蔵野段丘	80	リソスフェア	127
放射性廃棄物	164			粒度分析	46
膨潤性	165	〔も〕		緑色凝灰岩	21
膨張性岩	99	モニタリングシステム	164		
ホットスポット	130	盛土	9	〔れ〕	
ポリ塩化ビフェニール	144				
ボーリング調査	70	〔ゆ〕		礫	46
ホルンフェルス	17	有機成地形	24	礫岩	16
		有効土被り圧	83	レス	16

── 著者略歴 ──

今井 五郎（いまい ごろう）
1967年	東京大学工学部土木工学科卒業
1972年	五洋建設株式会社勤務
1978年	工学博士（東京大学）
1979年	横浜国立大学助教授
1986年	横浜国立大学教授
2005年	逝去

福江 正治（ふくえ まさはる）
1971年	東海大学海洋学部海洋工学科卒業
1973年	東海大学大学院修士課程修了（海洋工学専攻）
1977年	McGill 大学大学院博士課程修了（Civil Engineering and Applied Mechanics 専攻）Ph.D.（McGill 大学）
1977年	株式会社建設基礎調査設計事務所勤務
1978年	東海大学専任講師
1983年	東海大学助教授
1986年	McGill 大学客員研究員
1992年	東海大学教授
2014年	東海大学名誉教授

足立 勝治（あだち かつじ）
1973年	東海大学海洋学部海洋資源学科卒業
1973年	国際航業株式会社勤務
1989年	アジア航測株式会社勤務
1998年	横浜国立大学非常勤講師
2008年～12年	早稲田大学非常勤講師

地 盤 地 質 学
Engineering Geology　　　　　　　　　　　　　　　　　　　　Ⓒ Imai, Fukue, Adachi 2002

2002 年 7 月 18 日　初版第 1 刷発行
2022 年 4 月 10 日　初版第 8 刷発行

検印省略	著　者	今　井　五　郎
		福　江　正　治
		足　立　勝　治
	発行者	株式会社　コロナ社
		代表者　牛来真也
	印刷所	富士美術印刷株式会社
	製本所	牧製本印刷株式会社

112-0011　東京都文京区千石 4-46-10
発行所　株式会社　コロナ社
CORONA PUBLISHING CO., LTD.
Tokyo Japan
振替 00140-8-14844・電話(03)3941-3131(代)
ホームページ　https://www.coronasha.co.jp

ISBN 978-4-339-05043-1　C3351　Printed in Japan　　　　　　　　（新井）

〈出版者著作権管理機構　委託出版物〉
本書の無断複製は著作権法上での例外を除き禁じられています。複製される場合は、そのつど事前に、出版者著作権管理機構（電話 03-5244-5088，FAX 03-5244-5089, e-mail: info@jcopy.or.jp）の許諾を得てください。

本書のコピー，スキャン，デジタル化等の無断複製・転載は著作権法上での例外を除き禁じられています。購入者以外の第三者による本書の電子データ化及び電子書籍化は、いかなる場合も認めていません。
落丁・乱丁はお取替えいたします。

土木・環境系コアテキストシリーズ

(各巻A5判)

■編集委員長　日下部 治
■編集委員　　小林 潔司・道奥 康治・山本 和夫・依田 照彦

共通・基礎科目分野

配本順		書名	著者	頁	本体
A-1	(第9回)	土木・環境系の力学	斉木 功 著	208	2600円
A-2	(第10回)	土木・環境系の数学 ―数学の基礎から計算・情報への応用―	堀村 宗朗／市村 強 共著	188	2400円
A-3	(第13回)	土木・環境系の国際人英語	井合 進／R. Scott Steedman 共著	206	2600円
A-4		土木・環境系の技術者倫理	藤原 章正／木村 定雄 共著		

土木材料・構造工学分野

配本順		書名	著者	頁	本体
B-1	(第3回)	構造力学	野村 卓史 著	240	3000円
B-2	(第19回)	土木材料学	中村 聖三／奥松 俊博 共著	192	2400円
B-3	(第7回)	コンクリート構造学	宇治 公隆 著	240	3000円
B-4	(第21回)	鋼構造学 (改訂版)	舘石 和雄 著	240	3000円
B-5		構造設計論	佐藤 尚次／香月 智 共著		

地盤工学分野

配本順		書名	著者	頁	本体
C-1		応用地質学	谷 和夫 著		
C-2	(第6回)	地盤力学	中野 正樹 著	192	2400円
C-3	(第2回)	地盤工学	髙橋 章浩 著	222	2800円
C-4		環境地盤工学	勝見 武／乾 徹 共著		

配本順			頁	本体

水工・水理学分野

D-1 (第11回)	水理学	竹原幸生 著	204	2600円
D-2 (第5回)	水文学	風間 聡 著	176	2200円
D-3 (第18回)	河川工学	竹林洋史 著	200	2500円
D-4 (第14回)	沿岸域工学	川崎浩司 著	218	2800円

土木計画学・交通工学分野

E-1 (第17回)	土木計画学	奥村 誠 著	204	2600円
E-2 (第20回)	都市・地域計画学	谷下雅義 著	236	2700円
E-3 (第22回)	改訂 交通計画学	金子雄一郎／有村幹治／石坂哲宏 共著	236	3000円
E-4	景観工学	川﨑雅史／久保田善明 共著		
E-5 (第16回)	空間情報学	須崎純一／畑山満則 共著	236	3000円
E-6 (第1回)	プロジェクトマネジメント	大津宏康 著	186	2400円
E-7 (第15回)	公共事業評価のための経済学	石倉智樹／横松宗太 共著	238	2900円

環境システム分野

F-1 (第23回)	水環境工学	長岡 裕 著	232	3000円
F-2 (第8回)	大気環境工学	川上智規 著	188	2400円
F-3	環境生態学	西村 修／山田一裕／中野和典 共著		

定価は本体価格+税です。
定価は変更されることがありますのでご了承下さい。

図書目録進呈◆

環境・都市システム系教科書シリーズ

(各巻A5判，欠番は品切です)

- ■編集委員長　澤　孝平
- ■幹　事　　　角田　忍
- ■編集委員　　荻野　弘・奥村充司・川合　茂
- 　　　　　　　嵯峨　晃・西澤辰男

配本順		著者	頁	本体
1. (16回)	シビルエンジニアリングの第一歩	澤 孝平・嵯峨 晃・川合 茂・角田 忍・荻野 弘・奥村充司・西澤辰男 共著	176	2300円
2. (1回)	コンクリート構造	角田 忍・竹村和夫 共著	186	2200円
3. (2回)	土質工学	赤木知之・吉村優治・上 俊二・小堀慈久・伊東 孝 共著	238	2800円
4. (3回)	構造力学Ⅰ	嵯峨 晃・武田八郎・原 隆・勇 秀憲 共著	244	3000円
5. (7回)	構造力学Ⅱ	嵯峨 晃・武田八郎・原 隆・勇 秀憲 共著	192	2300円
6. (4回)	河川工学	川合 茂・和田 清・神田佳一・鈴木正人 共著	208	2500円
7. (5回)	水理学	日下部重幸・檀 和秀・湯城豊勝 共著	200	2600円
8. (6回)	建設材料	中嶋清実・角田 忍・菅原 隆 共著	190	2300円
9. (8回)	海岸工学	平山秀夫・辻本剛三・島田富美男・本田尚正 共著	204	2500円
10. (24回)	施工管理学(改訂版)	友久誠司・竹下治之・江口忠臣 共著	240	2900円
11. (21回)	改訂測量学Ⅰ	堤 隆 著	224	2800円
12. (22回)	改訂測量学Ⅱ	岡林 巧・堤 隆・山田貴浩・田中龍児 共著	208	2600円
13. (11回)	景観デザイン —総合的な空間のデザインをめざして—	市坪 誠・小川総一郎・谷平 考・砂本文彦・溝上裕二 共著	222	2900円
15. (14回)	鋼構造学	原 隆・山口隆司・北原武嗣・和多田康男 共著	224	2800円
16. (15回)	都市計画	平田登基男・亀野辰三・宮腰和弘・武井幸久・内田一平 共著	204	2500円
17. (17回)	環境衛生工学	奥村充司・大久保孝樹 共著	238	3000円
18. (18回)	交通システム工学	大橋健一・柳澤吉保・高岸節夫・佐々木恵一・日野 智・折田仁典・宮腰和弘・西澤辰男 共著	224	2800円
19. (19回)	建設システム計画	大橋健一・荻野 弘・西澤辰男・柳澤吉保・鈴木正人・伊藤 雅・野田宏治・石内鉄平 共著	240	3000円
20. (20回)	防災工学	渕田邦彦・疋田 誠・檀 和秀・吉村優治・塩野計司 共著	240	3000円
21. (23回)	環境生態工学	宇野宏司・渡部守義 共著	230	2900円

定価は本体価格+税です。
定価は変更されることがありますのでご了承下さい。

◆図書目録進呈◆

新編土木工学講座

(各巻A5判，欠番は品切です)

■全国高専土木工学会編
■編集委員長　近藤泰夫

配本順			頁	本体
1.（3回）	土木応用数学	近藤・江崎共著	322	3500円
4.（22回）	土木工学概論	長谷川博他著	220	2200円
6.（29回）	測量（1）（新訂版）	長谷川・植田・大木共著	270	2600円
7.（30回）	測量（2）（新訂版）	小川・植田・大木共著	304	3000円
8.（27回）	新版 土木材料学	近藤・岸本・角田共著	312	3300円
9.（2回）	構造力学（1）―静定編―	宮原・高端共著	310	3000円
11.（11回）	新版 土質工学	中野・小山・杉山共著	240	2700円
12.（9回）	水理学	細井・杉山共著	360	3000円
13.（25回）	新版 鉄筋コンクリート工学	近藤・岸本・角田共著	310	3400円
14.（26回）	新版 橋工学	高端・向山・久保田共著	276	3400円
15.（19回）	土木施工法	伊後・丹藤・片原・山島共著	300	2900円
16.（10回）	港湾および海岸工学	菅野・寺西・堀口・佐藤共著	276	3000円
17.（17回）	改訂 道路工学	安孫子・澤共著	336	3000円
18.（13回）	鉄道工学	宮原・雨宮共著	216	2500円
19.（28回）	新 地域および都市計画（改訂版）	岡﨑・高岸・大橋・竹内共著	218	2700円
21.（16回）	河川および水資源工学	渋谷・大同共著	338	3400円
22.（15回）	建築学概論	橋本・渋谷・大沢・谷本共著	278	2900円
23.（23回）	土木耐震工学	狩俣・音田・荒川共著	202	2500円

定価は本体価格＋税です。
定価は変更されることがありますのでご了承下さい。

図書目録進呈◆

土木計画学ハンドブック

コロナ社 創立90周年記念出版
土木学会 土木計画学研究委員会 設立50周年記念出版

土木学会 土木計画学ハンドブック編集委員会 編
B5判／822頁／本体25,000円／箱入り上製本／口絵あり

委員長：小林潔司
幹　事：赤羽弘和，多々納裕一，福本潤也，松島格也

　可能な限り新進気鋭の研究者が執筆し，各分野の第一人者が主査として編集することにより，いままでの土木計画学の成果とこれからの指針を示す書となるようにしました。
　第Ⅰ編の基礎編を読むことにより，土木計画学の礎の部分を理解できるようにし，第Ⅱ編の応用編では，土木計画学に携わるプロフェショナルの方にとっても，問題解決に当たって利用可能な各テーマについて詳説し，近年における土木計画学の研究内容や今後の研究の方向性に関する情報が得られるようにしました。

目　次

―― Ⅰ．基礎編 ――

1. 土木計画学とは何か（土木計画学の概要／土木計画学が抱える課題／実践的学問としての土木計画学／土木計画学の発展のために1：正統化の課題／土木計画学の発展のために2：グローバル化／本書の構成）
2. 計画論（計画プロセス論／計画制度／合意形成）
3. 基礎数学（システムズアナリシス／統計）
4. 交通学基礎（交通行動分析／交通ネットワーク分析／交通工学）
5. 関連分野（経済分析／費用便益分析／経済モデル／心理学／法学）

―― Ⅱ．応用編 ――

1. 国土・地域・都市計画（総説／わが国の国土・地域・都市の現状／国土計画・広域計画／都市計画／農山村計画）
2. 環境都市計画（考慮すべき環境問題の枠組み／環境負荷と都市構造／環境負荷と交通システム／循環型社会形成と都市／個別プロジェクトの環境評価）
3. 河川計画（河川計画と土木計画学／河川計画の評価制度／住民参加型の河川計画：流域委員会等／治水経済調査／水害対応計画／水土地利用・建築の規制・誘導／水害保険）
4. 水資源計画（水資源計画・管理の概要／水需要および水資源量の把握と予測／水資源システムの設計と安全度評価／ダム貯水池システムの計画と管理／水資源環境システムの管理計画）
5. 防災計画（防災計画と土木計画学／災害予防計画／地域防災計画／災害対応計画／災害復興・復旧計画）
6. 観光（観光学における土木計画学のこれまで／観光行動・需要の分析手法／観光交通のマネジメント手法／観光地における地域・インフラ整備計画手法／観光政策の効果評価手法／観光学における土木計画学のこれから）
7. 道路交通管理・安全（道路交通管理概論／階層型道路ネットワークの計画・設計／交通容量上のボトルネックと交通渋滞／交通信号制御交差点の管理・運用／交通事故対策と交通安全管理／ITS技術）
8. 道路施設計画（道路網計画／駅前広場の計画／連続立体交差事業／駐車場の計画／自転車駐車場の計画／新交通システム等の計画）
9. 公共交通計画（公共交通システム／公共交通計画のための調査・需要予測・評価手法／都市間公共交通計画／都市・地域公共交通計画／新たな取組みと今後の展望）
10. 空港計画（概論／航空政策と空港計画の歴史／航空輸送市場分析の基本的視点／ネットワーク設計と空港計画／空港整備と運営／空港整備と都市地域経済／空港設計と管制システム）
11. 港湾計画（港湾計画の概要／港湾施設の配置計画／港湾取扱量の予測／港湾投資の経済分析／港湾における防災／環境評価）
12. まちづくり（土木計画学とまちづくり／交通計画とまちづくり／交通工学とまちづくり／市街地整備とまちづくり／都市施設とまちづくり／都市計画・都市デザインとまちづくり）
13. 景観（景観分野の研究の概要と特色／景観まちづくり／土木施設と空間のデザイン／風景の再生）
14. モビリティ・マネジメント（MMの概要：社会的背景と定義／MMの技術・方法論／国内外の動向とこれからの方向性／これからの方向性）
15. 空間情報（序論-位置と高さの基準／衛星測位の原理とその応用／画像・レーザー計測／リモートセンシング／GISと空間解析）
16. ロジスティクス（ロジスティクスとは／ロジスティクスモデル／土木計画指向のモデル／今後の展開）
17. 公共資産管理・アセットマネジメント（公共資産管理／ロジックモデルとサービス水準／インフラ会計／データ収集／劣化予測／国際規格と海外展開）
18. プロジェクトマネジメント（プロジェクトマネジメント概論／プロジェクトマネジメントの工程／建設プロジェクトにおけるマネジメントシステム／契約入札制度／新たな調達制度の展開）

定価は本体価格+税です。
定価は変更されることがありますのでご了承下さい。

図書目録進呈◆

改訂 電気鉄道ハンドブック

電気鉄道ハンドブック編集委員会 編
B5判／1,024頁／本体32,000円／上製・箱入り

監修代表：持永芳文 (津田電気計器(株))
監　　修：曽根　悟 (工学院大学)，木俣政孝 ((一社)日本鉄道車両機械技術協会)，
　　　　　望月　旭 (元 日本国有鉄道)　　　　　　　　　　　　　　　(編集委員会発足時)

　電気鉄道の技術はもちろん，営業サービスや海外事情といった広範囲にわたる関連領域の内容も網羅した関係者必携のハンドブック。改訂にあたり，技術内容や規格類の更新をし，さらに日本の技術を海外展開するための知識を充実させた。

【目　次】

1章　総　論
電気鉄道の歴史と電気方式／電気鉄道の社会的特性／鉄道の安全性と信頼性／電気鉄道と環境／鉄道事業制度と関連法規／鉄道システムにおける境界技術／海外の主要鉄道／電気鉄道における今後の動向

2章　線路・構造物
線路一般／軌道構造／曲線／軌道管理／軌道と列車速度／脱線／構造物／停車場・車両基地／防災と列車防護

3章　電気車の性能と制御
鉄道車両の種類と変遷／車両性能と定格／直流電気車の速度制御／交流電気車の制御／ブレーキ制御

4章　電気車の機器と構成
電気車の主回路構成と機器／補助回路と補助電源／車両情報・制御システム／車体／台車と駆動装置／車両の運動／車両と列車編成／高速鉄道(新幹線)／電気機関車／電源搭載式電気車両／車両の保守／環境と車両

5章　列車運転
運転性能／信号システムと運転／運転間隔／運転時間・余裕時間／列車群計画／運転取扱い／運転整理／運行管理システム

6章　集電システム
集電システム一般／カテナリ式電車線の構成／カテナリ式電車線の特性／サードレール・剛体電車線／架線とパンタグラフの相互作用／高速化／集電系騒音／電車線の計測／電車線路の保全

7章　電力供給方式
電気方式／直流き電回路／直流き電用変電所／交流き電回路／交流き電用変電所／帰線と誘導障害／絶縁協調／電源との協調／電灯・電力設備／電力系統制御システム／変電設備の耐震性／変電所の保全

8章　信号保安システム
信号システム一般／列車検知／間隔制御／進路制御／踏切保安装置／信号用電源・信号ケーブル／信号回路のEMC/EMI／信頼性評価／信号設備の保全／新しい列車制御システム

9章　鉄道通信
鉄道と通信網／鉄道における移動無線通信

10章　営業サービス
旅客営業制度／アクセス・乗継ぎ・イグレス／旅客案内／貨物関係情報システム

11章　都市交通システム
都市交通システムの体系と特徴／路面電車の発展とLRT／ゴムタイヤ都市交通システム／リニアモータ式都市交通システム／ロープ駆動システム・急勾配システム／無軌条交通システム／その他の交通システム(電気自動車)

12章　磁気浮上式鉄道
磁気浮上式鉄道の種類と特徴／超電導磁気浮上式鉄道／常電導磁気浮上式鉄道

13章　海外の電気鉄道
日本の鉄道の位置付け／海外の注目すべき技術とサービス／電気車の特徴／電力供給方式／列車制御システム／貨物鉄道

14章　海外展開に必要な技術
海外展開に向けて／施設と設備／鉄道車両の特徴／き電方式／集電システム／信号システム／関係する国際規格

定価は本体価格+税です。
定価は変更されることがありますのでご了承下さい。

図書目録進呈◆

土木系 大学講義シリーズ

(各巻A5判，欠番は品切または未発行です)

■編集委員長　伊藤　學
■編集委員　青木徹彦・今井五郎・内山久雄・西谷隆亘
　　　　　　榛沢芳雄・茂庭竹生・山﨑　淳

配本順			頁	本体
2.(4回)	土木応用数学	北田俊行著	236	2700円
3.(27回)	測量学	内山久雄著	206	2700円
4.(21回)	地盤地質学	今井・福江／足立 共著	186	2500円
5.(3回)	構造力学	青木徹彦著	340	3300円
6.(6回)	水理学	鮭川　登著	256	2900円
7.(23回)	土質力学	日下部　治著	280	3300円
8.(19回)	土木材料学(改訂版)	三浦　尚著	224	2800円
13.(7回)	海岸工学	服部昌太郎著	244	2500円
14.(25回)	改訂 上下水道工学	茂庭竹生著	240	2900円
15.(11回)	地盤工学	海野・垂水編著	250	2800円
17.(31回)	都市計画(五訂版)	新谷・高橋／岸井・大沢 共著	200	2600円
18.(24回)	新版 橋梁工学(増補)	泉・近藤共著	324	3800円
20.(9回)	エネルギー施設工学	狩野・石井共著	164	1800円
21.(15回)	建設マネジメント	馬場敬三著	230	2800円
22.(29回)	応用振動学(改訂版)	山田・米田共著	202	2700円

定価は本体価格+税です。
定価は変更されることがありますのでご了承下さい。

図書目録進呈◆